U0322941

土质岸坡变形破坏浸泡-
渗流耦合驱动理论及应用

陈洪凯　唐红梅　曾云松　著

科学出版社

北京

内 容 简 介

　　本书针对大型特大型水库土质岸坡防灾减灾问题,从库水位上升过程中对岸坡造成的浸泡作用和库水位降落过程中在岸坡内产生的渗流作用出发,揭示了土质岸坡稳定性随库水位升降的变化规律,建立了在浸泡–渗流驱动条件下的岸坡破坏模型,提出了基于浪蚀龛和土体临界高度的修正卡秋金法,得到了库岸再造稳定时限估算方法,这些研究成果构成土质岸坡浸泡–渗流耦合破坏理论,并以宁江岛造地型护岸工程论理了该理论的工程实用性。

　　本书可作为从事水库岸坡地质灾害防治、土地资源开发利用及航道整治的勘察、设计、施工与管理科技人员的专业用书,对从事水库岸坡减灾研究的科技人员具有一定参考借鉴作用。

图书在版编目(CIP)数据

土质岸坡变形破坏浸泡–渗流耦合驱动理论及应用/陈洪凯,唐红梅,曾云松著. —北京: 科学出版社,2016.3

　　ISBN 978-7-03-047500-8

Ⅰ. ①土⋯　Ⅱ. ①陈⋯ ②唐⋯ ③曾⋯　Ⅲ. ①水库–坍岸–防护工程–研究
Ⅳ. ①TV697.3

中国版本图书馆 CIP 数据核字 (2016) 第 044017 号

责任编辑:赵敬伟/责任校对:邹慧卿
责任印制:张　倩/封面设计:耕者工作室

科 学 出 版 社 出版
北京东黄城根北街 16 号
邮政编码:100717
http://www.sciencep.com

新科印刷有限公司 印刷
科学出版社发行　各地新华书店经销
*
2016 年 3 月第 一 版　开本: 720 × 1000 1/16
2016 年 3 月第一次印刷　印张: 14 1/4　插页: 8
字数: 295 000
定价: 88.00 元

序

　　大型及特大型水库岸坡消落带是库区地质灾害高易发区，已经是人所共识的客观事实，国内外大量学者对岸坡地质灾害防灾减灾进行了卓有成效的研究。本书作者陈洪凯教授及其团队立足三峡水库岸坡，基于多年的研究积累，独辟蹊径，从地貌演化角度，构建了土质岸坡变形破坏浸泡–渗流耦合驱动理论，包括浸泡条件下土体物理力学参数变化特性、库水位升降条件下土质岸坡渗流场变化规律、浸泡–渗流耦合驱动下土质岸坡稳定性变化、破坏机制及再造预测方法等内容，并据此提出了造地型护岸应用方法，以巫山宁江岛填土护岸工程为例，详细论理了该方法的应用程序。研究成果对有效防治岸坡地质灾害、保护岸坡地质环境、合理开发岸坡土地资源具有重要意义。

　　该专著学术思想新颖，是地貌学、岩土力学、渗流力学、突变理论等多学科交叉融合并实现科技创新的典型范例，具有较高的学术价值，工程实用性强，本人乐以为序，并向从事地貌学、水库岸坡地质环境保护利用及通航河段滑坡涌浪灾害预测预报工作的科技工作者推荐分享。

中国科学院院士 李勇

2015 年 12 月 30 日

前　　言

近三十年来，为了大力开发水电资源，兼顾防洪需求和区域性水资源调配，人们兴建了大量大型及特大型水库。据不完全统计，80%~90%的水库滑坡与库水活动有关，如 1963 年意大利北部 Vajont 水库从正常水位下降后，$2.75 \times 10^8 \mathrm{m}^3$ 的顺层岩体冲入水库，激起的涌浪翻越大坝，造成大坝下游 2600 余人遇难；1959 年湖南柘溪水库蓄水初期在大坝上游右岸 1.5km 处发生大规模滑坡；广西龟石水库蓄水水位高出原河床水位约 20m 时，在库首 6.5km 长的峡谷地带，岸坡发生 60 余处坍滑。三峡水库是一个特大型水库，库水位每年运行于 145~175m，消落区总面积 348.93km²，175m 水位岸线长 5578.21km，水库于 2003 年投入运行后，已经诱发了千将坪、凉水井、神女溪青石、龚家方、江东寺等大型岸坡灾害。显然，水库岸坡地质灾害防灾减灾是库区生态环境尤其是地质环境保护的重要科学问题。

从 2000 年开始，团队立足三峡水库消落带，对岸坡地质灾害进行了深入系统研究，本书即基于系列研究成果进一步整理提炼而成，构建了土质岸坡变形破坏浸泡-渗流耦合驱动理论，具有较高的理论水平和重要的工程实用性。

本专著包括 8 章，第 1 章由陈洪凯撰写，第 2 章由陈洪凯、曾云松、梁学战和向杰撰写，第 3 章由何晓英撰写，第 4 章由唐红梅、梁学战和陈涛撰写，第 5 章由唐红梅、陈涛和刘厚成撰写，第 6 章由陈洪凯、周晓涵、周云涛和延兆奇撰写，第 7 章由唐红梅和赵先涛撰写，第 8 章由陈洪凯和汪叶萍撰写。全书由陈洪凯教授和唐红梅教授统稿，周云涛同志负责图文校对。

本书在编撰过程中，得到兰州大学李吉均院士，重庆大学鲜学福院士，中国科学院水利部成都山地灾害与环境研究所崔鹏院士、韦方强教授和王全才教授，解放军后勤工程学院郑颖人院士和刘元雪教授，三峡大学李建林教授，中山大学刘希林教授，清华大学孙其诚教授，中南大学徐林荣教授，重庆师范大学赵纯勇教授，华东交通大学郑明新教授，重庆市地质矿产开发局总工程师刘东升教授，重庆交通科研设计院柴贺军教授和邓卫东教授，西南大学王建力教授，重庆大学阴可教授，重庆交通大学唐伯明教授、梁乃兴教授、王平义教授、周华君教授、王多垠教授、梁波教授等专家学者的大力支持和热忱关怀，尤其是李吉均院士不辞辛劳，为本书撰序，在此一并致以诚挚的谢意！

本书的出版得到重庆交通大学地质资源与地质工程重点学科、西部交通地质减灾创新团队和重庆市两江学者特聘教授等专项经费资助。

虽然本团队竭以全力编撰本书，但是书中错漏难免，敬请各位同行批评指正。

2015 年 12 月 27 日

目　　录

第1章 绪 论

1.1 三峡水库调度运行方案

三峡工程是一项举世瞩目的水利水电工程,三峡水库是三峡工程的重要组成部分。三峡水库调度遵循梯级水库调度规程,按照"均匀、间隔、对称"的开启原则。三峡水库根据初期运行期调度规程,每年运行于 145m 至 175m 之间,全年库水位控制分为 4 个阶段:供水期 (1~4 月、11 月、12 月)、汛前消落区 (5 月 1 日~6 月 10 日)、汛期 (6 月 11 日~9 月 24 日)、蓄水期 (9 月 25 日~10 月 23 日)。水位控制范围:汛期在水库没有防洪任务时控制在 143.9~145.0m,其他阶段控制在 143.9~156.0m。实际运行过程中,在保证枢纽安全前提下,科学控制水位,充分发挥梯级枢纽综合效益。总体而言,三峡水库枯水季节采用 175m 水位蓄水发电,雨季采用 145m 水位腾库防洪,每年 5 月份水库从 175m 降落至 145m,10 月则从 145m 水位蓄水全 175m 水位。

三峡水库蓄水运行,内河航运的竞争力明显提升,但也因此出现大量的环境地质灾害、生态及经济不平衡发展等问题而面临重大挑战。

1.2 三峡库区岸坡消落带

1.2.1 地理环境

三峡库区是受三峡水库直接淹没及移民迁建影响的特殊区域,包括重庆市 22 个区县 (市) 和湖北省 4 个区县,三峡水库消落区是三峡库区的重要组成部分。重庆库区包括重庆市主城 7 区和国务院批准的《三峡库区经济社会发展规划》中的巫山、巫溪、奉节、云阳、开县、万州、忠县、石柱、丰都、涪陵、武隆、长寿、渝北、巴南、江津等 15 个区县 (市),幅员面积 4.61 万平方米,人口 1841 万,城镇化水平 30.7%(15 区县 19.1%)。地跨川东平行岭谷低山丘陵区、大巴山喀斯特中山区和大娄山、巫山低中山山区,山地占 74%、丘陵占 21%、河谷平坝占 5%,亚热带湿润季风气候,地带性植被为常绿阔叶林,森林覆盖率低于 30%,水土流失面积比重 56%。

重庆主城 7 区经济社会发展水平总体上与我国东部地区平均水平相近,位居西部地区前列。其余 15 个区县 (市),特别是长寿区以下库区,是全国 18 个集中连片贫困地区之一，有国家扶贫开发重点区县 9 个、省市级扶贫开发重点县 2 个；2004 年人均 GDP 仅相当于全国平均水平 58.6%，农业人口占总人口比重高出全国平均近 20 个百分点；多数区县以传统粮猪型农业经济为主，工业经济严重"短腿"，工业化水平很低，三产不发达，产业空虚化严重；人均财政收入 283 元，地方预算内财政收支比达 1:2.8；城镇居民人均可支配收入和农民人均纯收入分别比全国平均水平低 1376 元和 555 元；城镇实际失业率高达 10.68%，绝对贫困人口 64 万余人，相对贫困人口 193 万余人；经济社会发展总体水平与我国西部的落后地区相当，远落后于全国和全市平均水平。重庆库区需动迁城乡移民 103.8 万人，据初步调查统计，已搬迁安置的 81.8 万移民中，收入不稳定的占 36.6%，城镇移民人均可支配收入仅相当于全市和库区平均水平的 34.4% 与 39%，农村移民人均第一产业收入比全市平均水平低了 34%。经济社会发展面临众多突出的问题和困难，移民存在安置不稳的隐患。

1.2.2 水库岸坡类型

三峡水库 175m 蓄水后，消落区将全面形成，位于库区 26 区县 (市) 目前海拔 175~145m 陆地区域。三峡水库蓄水后，库水位的上涨及地下水位的抬升，使岸坡土体受到水的浸泡，抗剪强度降低，加上库水的周期性冲刷与掏蚀，岸坡土体发生变形破坏，岸坡线逐渐后退，直至形成新的稳定岸坡。土质岸坡再造类型按照破坏模式主要有以下三种，如图 1.1 所示。

1. 整体滑移型

整体滑移型是指在库水作用及其他因素的影响下，岸坡坡面覆盖层沿基覆面或沿覆盖层内剪应力集中带产生一定规模的整体性滑移失稳。此种再造类型岸坡岩土体的水平位移一般较大，库岸再造具有规模大、危害性强等特点。

2. 冲蚀坍塌型

冲蚀坍塌型是指岸坡坡脚在库水位长期作用下被软化或掏蚀，岸坡上部物质失去支撑，从而造成局部下错坍塌 (包括坍岸与崩塌)，岸线后退。此种类型一般发生在地形较陡的土质岸坡。库岸再造具有突发性，在暴雨期间或库水位急剧变化时最易发生。

3. 侵蚀剥蚀型

侵蚀剥蚀型是指在库水、地表水及其他外营力的作用下，土质岸坡表面物质逐渐被搬运带走，岸坡坡面产生缓慢后退的再造型式。此种类型一般发生在地形较缓的土质岸坡中，再造具有缓慢性及持久性，规模较小。

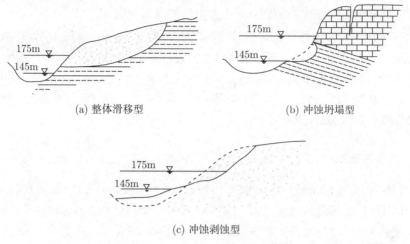

(a) 整体滑移型   (b) 冲蚀坍塌型

(c) 冲蚀剥蚀型

图 1.1 三峡水库土质岸坡再造类型

1.2.3 库岸消落区形成[1]

消落区是指江河、湖泊、水库等水体季节性涨落使水陆衔接地带的十地被周期性淹没和出露成陆而形成的干湿交替地带，是水、陆及其生态系统的交错过渡与衔接区域，受水、陆规律性移动的影响，具有特殊而不稳定的生态环境条件，物质、能量、信息交换频繁而强烈，对外界变化反应敏感，是生态脆弱带。消落区生态环境受水位消涨和陆岸带人类活动的影响，又影响江河湖库水体及陆岸带人群的生产生活与健康，是特殊的自然-经济社会复合生态系统。江河、湖泊消落区水位的涨落主要受季节性降水和地表地下径流的控制，水库消落区水位的消涨主要受水库为调蓄洪水、发电、航运、灌溉、供输水而运行调度的控制。

库岸消落区通常是指正常蓄水位与死水位或枯期低水位之间的岸坡区域。三峡水库岸坡消落区是指三峡水库正常蓄水位 175m 与防洪限制水位 145m 之间的岸坡区域。查明三峡水库消落区的范围、面积、分布和蓄水前的生态环境特征，分析蓄水后生态环境演变的趋势，通过与国内其他大型水库消落区和长江库区段自然枯洪消落区的比较分析，进而把握三峡水库消落区生态环境的特殊性，是研究消落区生态环境问题的产生、拟订消落区生态环境保护和建设措施的基础和前提。

1. 三峡水库岸坡消落区的形成

目前，三峡水库岸坡消落区尚未形成。2009 年三峡水库建成以后，随着水库的运行，将必然发生水位涨落等水文过程的变化，从而导致水库消落区的形成。三峡水库的运行方案是"蓄清排浑"，即在保证发电、航运的条件下，在长江高输沙量的汛期开闸放水、拉沙，形成水库的低水位时期；在输沙量和径流量小的枯水期蓄水，以尽量减少泥沙在库内的淤积，是为水库的高水位时期。

水库运行的调度安排是：6~9 月按防洪限制水位 145m 运行，10 月开始蓄水，水位迅速上升，至 10 月底升至正常蓄水位 175m；11~12 月保持正常蓄水位，1~4 月为供水期，水位缓慢下降，5 月底又降到防洪限制水位 145m。这样，三峡水库建成后，将在海拔 145~175m、目前为陆地的库区两岸，形成与天然河流涨落季节相反、涨落幅度高达 30m 的水库消落区。

2. 消落区面积

以三峡库区的 1:50000 DEM 图层、重庆库区 1:10000 AutoCAD 格式的土地利用电子地图 (包含等高线等图层)、三峡重庆库区 2000 年 TM 遥感信息、三峡库区彩色航空遥感信息 (2003 年) 为基础，运用 3S 技术，制成了三峡库区 1:50000 比例尺的 DTM 图和重庆库区消落区 1:10000 的 DTM 图、遥感影像地图、土地利用现状图、地表坡度图、消落区水位深度图，以及典型消落区地表物质图，并建立了空间基础数据库。按基础数据库量测统计，三峡库区消落区总面积 348.93km²、175m 岸线长 5578.21km，重庆库区消落区面积 306.28km²、岸线长 4881.43km。三峡重庆库区消落区涉及巫山、巫溪、奉节、云阳、开县、万州、忠县、丰都、石柱、涪陵、武隆、长寿、渝北、巴南、江北、南岸、渝中、沙坪坝、北碚、九龙坡、大渡口和江津共 22 个区县 (市)。三峡水库重庆消落区分布示意见图 1.2。

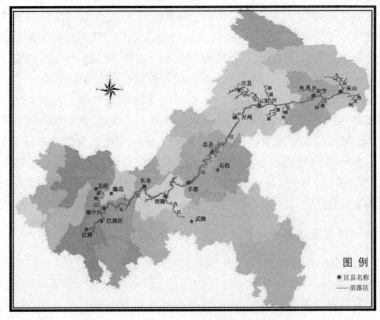

图 1.2　三峡水库重庆消落区分布示意图

3. 消落区分布特点

消落区的流域、行政区域、高程和坡度分布特点如下。

1) 干流消落区与支流消落区的面积大致相等

重庆库区，长江及其支流形成增幅深切曲流，河谷岸坡成峡谷或台阶状，使三峡水库为典型的河道型水库，消落区将沿库岸呈狭长带状分布。消落区按流域的分布情况见表 1.1。

表 1.1　三峡水库重庆消落区流域分布

河流名称	河流长度/km	175m 水位线周长/km	消落区面积/km²	175m 水位库面宽度/km	消落区平均宽度/km
长江	665.14	2603.19	140.58	0.89	0.21
嘉陵江	71.9	212.14	5.05	0.35	0.06
乌江	87.03	212.45	10.27	0.29	0.12
小江	52.55	385.46	55.47	1.10	1.06
梅溪河	32.13	269.01	7.55	0.46	0.23
汤溪河	43.84	211.43	6.65	0.29	0.15
大宁河	61.93	277.90	16.27	0.50	0.26
磨刀溪	35.26	173.64	6.82	0.38	0.19
抱龙河	13.87	112.28	1.34	0.16	0.10
长滩河	19.52	216.68	5.81	0.35	0.30
其他支流		207.21	50.52		
合计		4881.43	306.28		

重庆库区内长江、嘉陵江干流长度为 737.04 km，消落区面积 145.63 km²，占消落区总面积的 47.55%。库区两岸大小支流、港汊 164 条，支流消落区面积 160.65 km²，占消落区总面积的 52.45%。干流消落区与支流消落区的面积大致相等。在支流消落区中，长度在 8km 以上的 8 条主要支流的消落区面积达 110.72 km²，占支流消落区面积 68.67%。

2) 区县消落区面积差异大，开县、涪陵和云阳的消落区面积大

区县消落区的面积统计见表 1.2。

表 1.2　三峡水库重庆消落区地区分布

区县名称	面积/km²	占总面积/%	区县名称	面积/km²	占总面积/%
巫山	23.68	7.73	涪陵	38.83	12.68
巫溪	0.91	0.30	武隆	7.08	2.31
奉节	24.15	7.89	长寿	7.65	2.50
云阳	37.00	12.08	石柱	6.35	2.07
开县	42.78	13.97	巴南	13.26	4.33
万州	30.67	10.01	渝北	7.97	2.60
忠县	33.71	11.01	江津	0.09	0.03
丰都	19.83	6.47	主城区	12.32	4.02

重庆库区涪陵以下 8 个区县 (除巫溪) 消落区的面积较大, 消落区面积占重庆消落区总面积的 81.84%。消落区面积居前三位的是开县 (42.78 km^2)、涪陵 (38.83 km^2) 和云阳 (37.00 km^2), 三县 (区) 的消落区面积占了全市消落区面积的 38.73%。

3) 高程 160m 以上消落区面积较大

重庆消落区不同高程的面积分布特点是 (表 1.3): 海拔 145~160 m 的面积 133.25 km^2, 占消落区总面积 43.51%; 海拔 160~170 m 的面积 118.81 km^2, 占消落区总面积 38.79%; 海拔 170~175 m 的面积 54.22 km^2, 占消落区总面积 17.70%。

表 1.3   三峡水库重庆消落区高程分布   单位: km^2

区县 名称	145~150m 水位	150~155m 水位	155~160m 水位	160~165m 水位	165~170m 水位	170~175m 水位	145~175m 水位
巫山	4.15	3.89	3.64	3.86	4.05	4.09	23.68
巫溪	0	0	0.17	0.212	0.325	0.204	0.911
奉节	4.226	3.74	3.909	4.147	4.05	4.079	24.151
云阳	9.29	5.34	7.42	5.47	5.6	3.88	37
开县	0	2.831	5.979	9.97	13.82	10.18	42.78
万州	4.93	4.657	4.957	5.199	5.271	5.658	30.672
忠县	3.26	4.43	8.64	7.86	4.93	4.59	33.71
丰都	2.619	3.269	3.311	3.659	3.609	3.363	19.83
涪陵	6.261	8.029	5.373	6.43	5.536	7.2	38.829
武隆	0	0	0.582	0.79	2.75	2.96	7.082
长寿	0	2.143	1.447	1.24	1.394	1.422	7.646
石柱	0.862	0.675	0.949	1.021	1.1	1.74	6.347
巴南	0.272	1.674	3.96	3.55	2.01	1.79	13.26
渝北	0.21	1.22	1.43	1.56	3.07	0.48	7.97
江津	0	0	0	0	0	0.09	0.09
主城区	0	0	3.51	2.2	4.12	2.49	12.32
合计	36.08	41.898	55.27	57.168	61.635	54.216	306.28
%	11.78	13.68	18.05	18.67	20.12	17.70	100

4) 小于 15° 的平缓消落区为主

重庆库区小于 15° 的平缓消落区面积 204.59 km^2, 占消落区总面积的 66.79%。主要分布在长江干流沿岸和小江、梅溪河等较大支流的宽敞河谷平坝地区。消落区不同坡度的分布状况见表 1.4。

5) 库湾、湖盆和岛屿消落区较多

库区各支流横切了北东或南北走向的构造, 河流在切割背斜坚硬岩石时形成峡谷, 在流经砂岩夹泥岩层的向斜时则形成宽谷浅盆地。因此支流的消落区宽度变幅很大, 各消落区平均宽度在 70~280 m 不等。较宽消落区分布于巫山大宁河的大昌、云阳汤溪河的南溪、小江的高阳和养鹿湖, 宽度一般在 300~500 m, 最宽在

800~1000 m, 在水库高水位时期成为库湾和湖盆 (表 1.5)。

表 1.4 三峡水库重庆消落区坡度分布　　　　单位: km²

区县名称	< 7°	7°~15°	15°~25°	> 25°	合计
巴南~渝北	7.56	10.67	2.21	0.69	21.13
丰都	2.43	8.61	5.65	3.14	19.83
奉节	9.67	5.67	6.09	2.72	24.15
涪陵~长寿	5.52	18.93	15.15	6.872	46.47
开县	28.35	9.08	2.83	2.521	42.78
巫山~巫溪	11.31	9.41	2.01	1.86	24.59
万州	2.63	14.77	8.91	4.36	30.67
武隆	4.22	1.68	0.5	0.68	7.08
云阳	2.6	21.22	8.37	4.807	37
忠县~石柱	2.13	18.93	12.33	6.774	40.16
主城区~江津	4.54	4.66	1.11	2.1	12.41
合计	80.96	123.63	65.16	36.53	306.28
%	26.43	40.37	21.27	11.93	100

表 1.5 库湾、湖盆消落区面积统计　　　　单位: km²

区县	位置	面积	区县	位置	面积
奉节	寂静	3.49	开县	铺溪	4.76
奉节	白帝城	2.41	巫山	大昌	2.41
奉节	朱衣	2.18	忠县	涂井	5.14
云阳	南溪	2.28	忠县	黄金	3.51
巴南、渝北	清溪	2.52	忠县	东溪	2.07
开县	厚坝	3.47	忠县	新生	1.85
		合计总面积 36.09			

成库后, 有岛屿和半岛 152 个, 四周亦分布面积大小不等的消落区, 主要岛屿 (含半岛) 消落区面积见表 1.6。忠县城市组团, 被长江干流及支流绀井河、鸣玉溪的格子状窄带消落区所环绕, 冬季 175 m 水位时在城市周边形成库湾、湖盆和岛屿、半岛景观, 夏季 145 m 水位时在城市周边形成大片消落区陆地, 是三峡水库消落区分布及其对城市影响甚为特殊的区域。

表 1.6 主要岛屿消落区面积统计　　　　单位: km²

所在区县	岛屿名称	消落区面积	岛屿面积	所在区县	岛屿名称	消落区面积	岛屿面积
丰都	名山	1.21	0.53	云阳	高阳	0.11	0.06
奉节	白帝城	0.06	0.25	云阳	双江	0.29	0.12
涪陵	河岸	1.45	0.29	忠县	顺溪	2.24	7.38
涪陵	北拱	1.25	1.45	忠县	绀井	0.62	0.79
涪陵	石沱	0.64	0.34	忠县	乌杨	0.45	0.26
开县	厚坝	0.89	0.48	主城区	广阳	2.71	5.84
开县	铺溪	0.53	0.35	主城区	南坪	0.4	0.22
巫山	双龙	0.08	0.06	主城区	九龙	0.08	0.01
云阳	南溪	0.44	0.38	主城区	建胜	0.03	0.1
		合计: 消落区面积 13.48, 岛屿面积 18.91					

1.2.4 水库运行前消落带生态环境特征[1]

2009 年，三峡水库 175 m 蓄水运行后，消落区才全面形成。目前消落区生态环境条件是未来消落区生态环境形成的重要基础。

1. 亚热带湿润河谷自然环境

三峡库区以山地和丘陵为主，山地占 74%、丘陵占 21%、河谷平坝占 5%，平坦地形狭小。消落区主要为长江干支流河谷岸坡以及冲积平坝、阶地和河滩等，局部地段为峡谷。库区地表组成物质主要为碳酸盐岩、砂 (泥) 岩、粘土岩；消落区以紫色泥岩和砂岩、泥灰岩和灰岩等为主，松散堆积物主要是河流冲积物、崩塌和滑坡堆积物。库区土壤主要为紫色土、石灰土、山地黄壤，消落区土壤以黄色石灰土和紫色土为主，河谷阶地、平坝和滩地为水稻土和潮土。库区属中亚热带湿润季风气候，消落区为亚热带湿润河谷气候，雨热同季而丰沛，伏旱严重；河谷平坝年均气温 17.6~19.0°C，≥10°C 的年积温 5700~6050°C，无霜期 310~330 天；年降雨量 970~1230mm，80% 的降雨集中于 5~10 月，冬季少雨；多雾日，年均日照时数 1330~1550 小时。

2. 自然-经济社会复合生态系统

三峡水库 175m 蓄水前，消落区范围绝大部分为陆域，是自然与经济社会相复合的生态系统，由城镇及工矿企业、农村及农业、自然生态系统 3 个子系统构成。

1) 密集城镇及资源初级开发加工型工矿系统

175m 蓄水淹没涉及重庆市城市 2 座、区县城 8 座、建制镇 18 个、一般集镇 83 个；涉及工矿企业 1397 户，其中全淹 1130 户、部分受淹 267 户，大型 6 户、中型 24 户、小型 1367 户；多数区县处于工业发展初期阶段，以资源开发和初加工为主，产业空虚化严重；2009 年蓄水前需动迁移民 103.9 万人，其中城市和区县城 57.12 万人、集镇 14.76 万人。145~175m 消落区范围有巫山、奉节、云阳、开县、丰都 5 座县城，万州、忠县、涪陵、长寿 4 区县城的部分建成区，淹没涉及的 273 个乡镇 (不含湖北省的 30 个乡镇) 和 1397 个工矿企业大部分亦位于消落区内；城镇、工矿企业及交通用地共 11.34km²。目前大多数城镇和工矿企业已搬迁重建，139m 蓄水淹没的库底区域已进行了全面清理，2004 年底重庆库区已累积完成搬迁安置城镇人口 53.2 万人，搬迁调整工矿企业 1236 户。

2) "三农" 问题突出的传统型农村系统

175m 蓄水淹没涉及重庆市 273 个乡镇、1424 个村、5483 个村民小组，2009 年蓄水前需动迁农村移民 31.52 万人；共淹没耕园林地、柴草山、鱼塘 36.66 万亩 (不含主要分布于 145m 以下河滩地)，其中 135~175m 淹没占 81.35%。145~175m 消落区是库区长江干支流沿岸农村及农业主要区域，占 135~175m 淹没的绝大部分；消落区内各类农耕用地 131.50km²，各类林业用地 120.50km²，农村建筑用地 4.8km²，裸岩和滩地 38.07km²；农村人口比重高，以粮猪型传统农业为主，"三农"问题突出。2004 年底已累计完成农村移民后靠安置 13.46 万人，外迁安置 13.98 万人，目前消落区土地尚未淹没，大部分仍在进行农业生产。

3) 自然生态系统

主要指消落区城镇、工矿企业、农业以外受人类活动影响相对较少的生态系统，其非生物组分岩、土、水、气特征前已述及，生物组分的基础和核心是植被。

国务院三峡工程建设委员会《长江三峡工程生态与环境监测系统》陆生动植物监测重点站和陆生植物实验站，在库区 18 个区县 175m 以下邻近区域和可能受影响的移民安置区建立 2 个基层站 20 个监测点，已连续 9 年进行大量调查监测；中科院植物所对库区海拔 < 200m 范围植被作了 17 条样带调查；中国林科院森林生态环境保护所对库区草丛群落 (1200 个样方) 和鸟类进行了调查；长江流域水环境监测中心对 139m 蓄水前水生生物进行了监测调查；原西南师范大学生命科学学院对库区动植物及生态系统进行了数十年的调查研究；本专著对消落区植被、藻类、动物进行了专题调研。

(1) 三峡库区亚热带常绿阔叶林是消落区植被的大背景

库区植被是消落区植被存在的大背景，消落区植被是其子系统。库区地带性植被是以壳斗科、樟科、茶科、木兰科和其他双子叶植物的常绿树种为建群成分，混有枫香等落叶层片而形成的各类常绿阔叶林。按《中国植被》一书分类，有 5 个植被型组、10 个植被型、17 个植被亚型、34 个群系组、136 个群系 (森林群落 87 个、灌丛群落 26 个、草本植物群落 23 个群系)。亚热带植被特色突出；植物区系成分丰富多样，"中国–日本" 与 "中国–喜马拉雅" 植物区系交汇过渡，亚热带至寒温带性质植物种类均有分布；富集古老孑遗和我国特有的珍稀植物。

植被水平分异较明显，万州云阳间铁凤山–七曜山以西亚热带常绿阔叶成分、喜热性植物种类较丰富，以东富含有多种落叶木本植物。垂直分异按海拔高度依序为低山常绿阔叶、中山常绿与落叶阔叶混交林，中山含针叶树的落叶阔叶林，亚高山常绿针叶林。原始自然植被很少，主要分布于中山以上，>1300m 区域有一定面积天然林且森林植被保留较完整；<1000m 的低山丘陵河谷残存小面积植物群落，主要为人工马尾松、柏木、杉木林及其疏林和灌丛、草丛。受人类活动反复强烈影响，陆地生态系统退化严重。重庆库区森林覆盖率 30%、湖北库区 32%，灌、草丛分别占库区面积 13.4% 和 16.25%。

(2) 消落区植被为常绿阔叶林破坏后形成的草丛、灌丛及少量人工林

重庆库区林木淹没调查统计，175m 蓄水将淹没林地 9.93 万亩 (竹林 1.20 万亩)、疏林地 1.50 万亩、灌木林地 1.12 万亩和四旁树 704.7 万株，林木蓄积总量 169.2 万立方米；综合主要调研监测结果，175m 以下分布有森林、灌丛、草丛主要

群落近 60 种；消落区范围占淹没量和群落的大部分。

消落区范围的植被主要为常绿阔叶林被垦殖砍伐严重破坏后形成的原生和次生草丛、灌丛及少量人工林、经济林、竹林；温带成分为主亚热带性质的物种较丰富，优势种明显；不同区段群落组成类型总体差异不大，不同基质上植被组成有差异，由低向高海拔大体上呈草丛–灌丛–人工林分布趋势。

① 森林

175m 以下主要有马尾松林、柏木林、桉林、刺槐林、竹林、柑橘林等树种组成的人工群落，消落区范围内主要是马尾松林、柏木林、竹林和柑橘林。

• 马尾松林——库区主要植被类型，常绿阔叶林破坏后形成的次生植被，有 21 种代表性群落。190m 以下至消落区范围主要有 3 种群落：马尾松–截叶铁扫帚–金发草、马尾松–白栎＋山胡椒–铁芒箕、马尾松–继木–铁芒箕；多为人工林、纯林为主，通常乔灌草层明显，林下植物一般 20~30 种，库区长江干支流沿岸消落区均有分布。

• 柏木林——库区长江沿岸 <900m 石灰岩低山丘陵典型代表群落。消落区内 140~160m 为其分布低限，多为人工林，常呈小块状分布；群落树木稀疏，结构简单，植物种类少，较为稳定；主要分布于涪陵以下消落区，万州至奉节的巴阳、九龙、盘石、小磨和西沱等乡镇分布面积较大。

• 竹林——消落区内竹林零星分布于丘陵坡地和江河岸边，主要有楠竹林、慈竹林、硬头黄竹林、刺楠竹林、水竹林、斑竹林等群落，自然或人工栽培形成。一般为单优势种群落，结构简单，伴生植物少，主要为灌木和草本，各有 10~20 种植物。主要分布于巴南、长寿、忠县、万州、巫溪等区县消落区。

• 经济林——消落区内主要为柑橘林，移民局统计市辖区县将淹没约 7 万亩，主要分布于涪陵至秭归沿江消落区，秭归分布最多。此外，有少量龙眼、荔枝、芭蕉林和桑茶园，一般分布面积不大。

此外，名山、石宝寨、白帝城等风景名胜区的消落区范围内，有部分风景林，多由梧桐、香樟、构树、刺槐、楝树、油橄榄、复羽叶栾树等组成。消落区内还有零星生长的乔木，树种较多，羽脉山黄麻、枫杨 (麻柳)、桉树、喜树等，常在村庄周围或局部地段形成片林。

② 灌丛

多为亚热带常绿阔叶林破坏后形成的次生植被类型，175m 以下主要分布有 27 种灌丛群落。消落区范围内主要有中华蚊母树、疏花水柏枝、宜昌杭子梢、黄杨、巫溪叶底珠、小杨梅、马鞍叶羊蹄甲、荆条、黄栌、小果蔷薇、裸实、小叶梾木、球核荚蒾、地瓜藤、竹灌丛等群落，常有两种灌木为优势种组成的群落如荆条＋黄栌、疏花水柏枝＋中华蚊母树、疏花水柏枝＋蔷薇等群落等。灌丛群落结构简单，灌木层和其下的草本层常有数至 10 余种次优势种及伴生植物；不同灌丛植物种数差异较大，2~10余种不等；除极少数灌丛物种单一外，大多灌丛物种分布较均匀，无明显偶见种、特异种。主要分布于涪陵、丰都、万州、奉节、巫山、巴东、秭归等地消落区。

③ 草丛

原生和次生草丛是库区较为常见的现状植被类型，多分布于<400m的低海拔地区，175m以下主要分布有26种草丛群落。消落区范围内主要有牛鞭草、荻草、瘦瘠野古草、茅叶荩草、金发草、油草、苜蓿-火绒草、斑茅、白茅、佛子茅、小颖羊茅、荷叶铁线蕨、狗牙根、巫山类芦、芦苇、香附子等群落，除优势种外常见数至10余种草本植物，部分草丛伴有零星灌木；库区区县均有分布，以涪陵、丰都、万州、巫山和巴东、秭归消落区分布的群落较多。

消落区有数十种国家保护珍稀植物。

(3) 陆生动物、水生生物

① 陆生动物

消落区范围内主要有：

陆生(栖)脊椎动物主要有哺乳动物：常见有猕猴、草兔、黄鼬、鼬獾、水獭、穿山甲等。鸟类：至少有7目17科数十种，以留鸟为主，冬夏候鸟次之，旅鸟很少，优势种有白鹭、崖沙燕、黄臀鹎、白头鹎，领雀嘴鹎、红头长尾山雀等，常见种有雉鸡、红嘴鸥、绿翅短脚鹎、褐河鸟、鹊鸲、红尾水鸲、白颊噪鹛、黄腹山雀、白腰文鸟，鸳鸯较少见。爬行类和两栖类：蛙、蜥蜴、蛇、龟、鳖等和有害啮齿类与食虫类动物。陆生无脊椎动物：主要有昆虫类农业害虫、蝶蛾类、蚊蝇等，软体动物螺、蜗牛、蛞蝓等，环节动物蚯蚓等，蛛形动物蜘蛛及螨类等。

② 水生生物

消落区范围内长江干流监测表明，浮游植物主要为藻类，以硅藻、绿藻、蓝藻为主，着生藻类生物量大于浮游藻类；浮游动物绝大部分为原生动物，次为轮虫类，浮生甲壳动物很少；浮生生物总体特征是物种丰富、数量少、生物量低，以适合流水生活为主，支流生物量大于干流。底栖动物种类和数量均较少，小型底栖动物为主，节肢动物和软体动物较多，昆虫占优势，主要是摇蚊幼虫、水生寡毛类群落等。

③ 三峡水库消落区生态环境

国家环保总局信息中心和中国环境监测总站运用美国NOAA AVHRR影像、国家环保总局西部地区生态环境现状遥感调查1:100000土地利用数据库(2000年)、中科院遥感所全国土壤侵蚀遥感调查数据库(1999年)、国家测绘局1:50000分幅坡度数据DEM基础数据、NOAA气象卫星AVHRR数据(计算植被指数)、中国农科院农业自然资源与农业区划所全国生态环境背景层面水热本底数据库(1999年5月)等资料，以水热条件(积温3级、降水量6级)、土壤侵蚀程度(6级)、地形地貌(海拔6级、坡度6级)、土地与覆被(土地利用9类型、植被覆盖度5级)为评价指标，采用综合指数法，对三峡库区 (三峡工程回水影响的水库淹没区、迁建安置涉及的渝鄂 20 个区县，$5.8 \times 10^4 \mathrm{km}^2$) 生态环境质量进行综合评价。评价结果显示三峡水库消落区生态环境质量是三峡库区最好的区域，不同生态环境质量级别所占面积比重、低于海拔 200m 的区域占各级生态环境质量区域面积的比重见表 1.7。

表 1.7　海拔 200m 以下区域占各级生态环境质量区域面积的比重　单位：%

生态环境质量	良好	较好	一般	较差	极差	最差
三峡库区	4.25	10.51	25.23	28.27	21.04	10.70
<200m 区域	68.00	38.43	12.75	12.02	5.75	2.03

1.3　水库岸坡地质灾害研究现状

1.3.1　水库岸坡稳定性变化

库岸边坡尤其是土质岸坡的稳定性对库水位升降变化的响应过程十分敏感，这也是库岸边坡目前研究最活跃的领域之一，如陈洪凯等从库水周期性浸泡条件下土体强度减弱和库水位降落产生渗透力两方面，分析了三峡水库运行期间加速库岸滑坡变形与破坏过程问题[2]；董金玉等利用 FLAC3D 模拟方法分析了水库蓄水和下降过程中岸坡的变形破坏特征，发现岸坡前缘变形量最大，中间过渡区变形量最小，后缘属于牵引变形区，变形量介于前缘和中间之间[3]；杨金等利用 Geo-Studio 软件的 SEEP/W 模块，模拟了库水位涨落情况下滑坡体内的暂态渗流场，认为库水位涨落对滑坡前缘浸润线影响区在滑坡前缘 300m 范围内[4]；吴琼等采用稳定渗流情况下的浸润线作为非稳定渗流的初始值，推导了库水位升降联合降雨作用下均质岸坡浸润线的近似解析解，利用 GeoSlope 中的 SEEP/W 程序对浸润线的近似解析解进行验证分析[5]；林志红等针对均质土坡提出库水位升降和降雨联合作用时岸坡中浸润线的计算公式，分析了浸润线的动态变化特性以及压力传导系数、库水位升降速度和降雨强度对浸润线的影响[6]；周丽等采用包辛涅斯克 (Boussinesq) 非稳定渗流微分方程，分析了巴东县李家湾滑坡的地下水浸润线位置，发现库水降速越快、降雨历时越长，滑坡稳定系数越低[7]；许强等通过物理模拟试验发现塌岸经历了从初始阶段的表层迅速被冲刷 — 浅层磨蚀 — 深层缓慢地掏蚀与坍塌，直到最后波浪无法作用于水上坡体而趋于稳定的过程[8]；肖诗荣等针对千将坪滑坡进行模型试验，发现蓄水前的强降雨对滑坡稳定性影响微弱或基本无影响，水库蓄水引起的浮托力作用仅使滑坡产生蠕滑变形，滑带被水浸泡弱化强度降低是滑坡真正的致滑原因[9]；徐文杰等研究了蓄水及库水位骤降过程中的流-固耦合及相应的稳定性变化特征，认为蓄水初期边坡的稳定性有所下降，当上升至某一临界水位后边坡稳定系数达到最低值，而后随着库水位的上升有所回弹，库水位骤降，其稳定系数的下降随着水位骤降幅度的增大而增大[10]；江洎洧等针对三峡库区黄土坡临江滑坡体土体进行实验研究，发现水岩 (土) 相互作用加剧了滑坡体中黏土矿物的迁移、富集，影响滑坡稳定性[11]；汪发武等发现三峡水库蓄水初期树坪滑坡滑坡体下部的变形速率较上部快[12]；Zheng H C 等分析了 2010 年 7 月发生在云南省金沙江右岸，向家坝库区的滑坡，该滑坡在 2010 年 5 月，水库第一次蓄水后已经有明显复活迹象，7 月的突降大雨、周围开挖震动及过度种植导致该滑坡复活，对该滑坡的诱发因素及稳定性进行了分析[13]；Lollino 等对意大利南部 Volturino 滑坡的复活机制进行了研究，通过土压力计及倾斜计对滑坡变形进行监测，并通过使滑体内部孔隙水压力分布与现场数据一致使模型分析滑坡变化过程，并采用有限元软件对复活过程进行模拟，发现该大型深层老滑坡已处于极度不稳定状态[14]；Derg J H 等认为水库水位变动是诱发库区老滑坡失稳复活的主要原因，通过对三峡水库岸坡心滩滑坡的研究，发现在水库蓄水期间，滑坡体内地下水位明显滞后于库水位上升速度，滑坡内的反向渗透作用对其稳定性的影响是瞬时的，而库水位的上升是诱发该地滑坡失稳的关键作用[15]；Lai X L 等通过试验的方法利用非饱和模型 Singh-Mitchell 蠕变模型合理模拟了水库岸坡蠕变行为的影响[16]；蒋秀玲和张常亮对三峡水库马家沟滑坡的分析表明，滑坡稳定性随着库水位上升而降低，水位上升到 165m 时稳定性最小，水位再上升则稳定性增大[17]；梁学战等基于土质岸坡模型试验分析了土质岸坡在一个蓄水降水循环周期内裂缝体系的时空演化分期配套规律[18]；王小东等基于高分辨率 DEM 数据，采用 GIS 组件开发了非均质成层土水库岸坡稳定性分析方法[19]；卢书强等认为库水位下降和大气降雨激励了树坪滑坡的变形[20]；宋琨等深入探讨了不同渗透性滑坡在库水位变动条件下的稳定性响应规律，研究表明库水影响系数 α 在 $-0.107 \sim -0.322$ 时，稳定性变化率 β 最大[21]；Midgley 等通过常水头原位试验分析了岸坡在渗流驱动下的侵蚀问题和稳定性衰减问题，发现渗流速度为 0.4L/min 时岸坡土体的侵蚀速度可达 0.86kg/min[22]；Kārlis Kukemilks 和 Tomas Saks 分析了日本 Gauja 河谷岸坡侵蚀问题，采用 GIS 空间分析法建立了岸坡敏感性指数模型[23]。

1.3.2 水库岸坡破坏机制

岸坡破坏问题是水库岸坡地质环境效应的重要环节，是进行岸坡工程治理必须首先关注的科学问题，迄今取得了较多科研成果，如 Nian T K 等对三峡库区老滑坡破坏机制研究表明，不饱和滑带土呈现出应力应变软化现象，而饱和土表现出应力应变硬化特征[24]；张桂荣等进行了降雨入渗及库水位联合作用下秭归八字门滑坡稳定性分析，得到水库蓄水及临界雨量 100 mm/d 时，水库降水及临界雨量 200 mm/d 时，滑坡就可能失稳[25]；廖秋林等认为脆弱的地质结构和集中降雨是滑坡复活的主要成因，且库水位上升起到加速作用[26]；Silvia Bosa, Marco Petti 通过对瓦伊昂滑坡产生的涌浪，建立了水平双向三维有限体数学模型[27]；胡显明等通过三峡库区一复活岸坡监测数据的理论分析，表明其运动轨迹具有分形特征[28]；王俊杰等通过模型试验发现，库水位上升速率越大，均质水库岸坡的塌岸现象越易发生，并认为地下水浸没区的毛细力消失是引起塌岸的关键因素[29]；张幸农等针对渐进坍塌型崩岸，建立了岸坡稳定的力学模型，结合室内概化模拟试验和数值计算表明，岸坡坡脚未受水流冲失时，若坡内渗流出逸坡降小于渗透破坏的临界坡降，岸坡处于稳定状态，当坡脚被水流冲失后，渗流渗径缩短，水土结合处坡面出逸坡降增大，大于临界坡降时则出现渗透破坏，引起局部小幅度土体崩塌[30]；宋彦辉等针对黄河上游茨哈峡水电站右坝肩顺层岩质斜坡分析评价，结果表明，该斜坡变形的发展已初步形成潜在的折断面并处于蠕滑–拉裂变形阶段[31]；吴松柏等通过河流弯道水槽试验，发现水流冲刷过程中岸坡破坏是水流淘刷岸坡坡脚、岸坡崩塌及崩塌体淤积坡脚，并在河床上分解、输移掺混中交互作用的反复循环过程[32]；Zhang D X 等分析了拉瓦锡水电站右岸边坡蓄水前后变形稳定性，发现蓄水后岸坡水平位移达 7.5m，表现为显著的突发性破坏模式[33]；Min X 等发现阳区水电站右岸边坡存在明显地集中卸荷区域，卸荷区产生的裂缝向下延伸并指向河流或高坡角岸坡内部[34]；祁生文等认为岸坡变形破坏主要以压致拉裂、差异卸荷、重力蠕变–滑移–倾倒和结构沉陷等 4 种模式进行[35]；Hubble 研究了澳大利亚 Nepean 河人工蓄水湖岸坡在波浪冲击作用下的稳定性变化及破坏问题，发现岸坡侵蚀速度平均约 10 厘米每年[36]；Naresh Kazi Tamrakar 采用能量分析研究了尼泊尔 Malekhu 河右岸巨型滑坡的倾倒和楔形体破坏机制[37]。

1.3.3 库岸再造预测方法

水库岸坡塌岸问题首先是苏联萨瓦连斯基院士在 1935 年提出来的，认为库岸塌岸是由于河道蓄水后水位抬高，吃水线与基岩岸坡相接触，岸壁的天然平衡条件遭到破坏而引起的，波浪是库岸塌岸的主要动力因素之一。苏联科学家卡丘金于1949 年提出了岸坡最终塌岸预测宽度的计算公式，称为卡丘金法，其实质是依据实测的洪枯水位变幅带各类岩土岸坡长期稳定坡角，根据几何关系用图解法求解岸坡最终塌岸预测宽度，该方法未考虑波浪影响范围以下部分岸坡的塌岸问题。

众所周知，河谷尤其是大的江河的岸坡已经被长期冲蚀、淤积，如今已经接近于平衡状态，在河流水力条件不发生明显改变的条件下，基本上会保持现有的岸坡形态，如果河流水力条件发生大的改变，在新的水力条件下，岸坡必然会进一步改变，在无人为干涉的情况下，经过一定时间的再造，岸坡又会趋于新的平衡状态。鉴于此，马淑芝等认为预测库岸再造本质就是确定新条件下库岸的稳态坡形，提出了塌岸预测类比法[38]，即利用蓄水前的岸坡稳态坡形来类比库岸再造后的稳态坡形,用建库前岸坡稳态坡形各段坡角作为建库后库岸再造的稳态坡形相应的坡角。许强等通过对三峡库区数百段库岸的塌岸地质现场调查和预测分析的基础上,提出了类似三峡这种山区河道型水库的塌岸预测岸坡结构法[39],该方法属于一种类比图解法,主要适用于冲蚀型和坍塌型塌岸。陈洪凯等基于对卡丘金法存在的主要缺陷,提出了基于浪蚀龛和土体临界高度的卡丘金修正法[40]。

1.4 土质岸坡浸泡–渗流耦合破坏理论学术框架

大型特大型水库及江河岸坡的变形破坏是地质减灾学科的重要科学问题,近二十年来一直是岩土力学、地质工程、地理学等领域研究的热点和难点。随着江河水库岸坡经济地位的再次提升、居民大量聚集,土地资源严重匮乏,岸坡工程防护与造地相结合,优化岸坡人居环境,必要而紧迫。本书针对易成灾、地质环境脆弱的土质岸坡,着眼于库水位升降对岸坡土体物理力学特性的劣化作用,提出了土质岸坡浸泡–渗流耦合驱动破坏理论,其学术框架如图 1.3 所示。

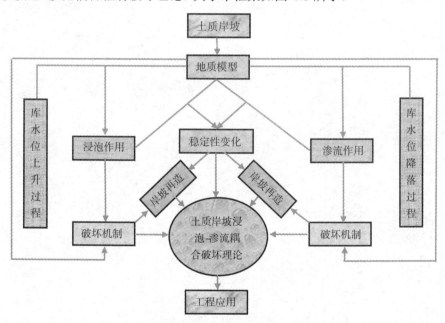

图 1.3 土质岸坡浸泡–渗流耦合驱动破坏理论框架

土质岸坡浸泡–渗流耦合驱动破坏理论针对土质岸坡,强调库水位上升期间水体对岸坡土体的浸泡作用和库水位降落期间在岸坡内产生的渗流作用,进行库水位升降过程中岸坡稳定性变化特性研究,揭示了土质岸坡稳定性变化规律,建立了土质岸坡尖点突变模型,构建了典型土质岸坡破坏机制;结合岸坡稳定性和破坏模式，提出了基于浪蚀龛和土体临界高度用于预测库岸再造宽度的修正卡丘金法，得到了估算土质岸坡再造稳定时限的新方法。最后，以三峡水库巫山宁江岛造地型护岸工程为例，论理了土质岸坡浸泡–渗流耦合驱动破坏理论的工程实用性及其应用程序。

　　土质岸坡浸泡–渗流耦合驱动破坏理论是岩土力学、地貌学、突变理论、渗流力学、试验技术等多学科交叉、融合并实现科技创新的典型案例和科学研究载体，可为江河水库岸坡地质灾害防治、土地资源开发利用及港口码头建设和航道整治工程勘察、设计、施工等提供科学依据。

第2章　土质岸坡变形破坏模型试验

2.1　模型试验过程

2.1.1　模型设计

以神女溪岸坡为原型，根据其原始尺寸，模型槽尺寸确定为 4.39m(长)×2.86m(宽)×2.22m(高)。设计模型几何相似比为 λ_1=1:25，则模型尺寸为 3.03m(长)×2.86m(宽)×2.22m(后缘高)。基岩平均坡角为 31°，采用块石堆砌，砂浆抹面，防渗漏水。模型坡体铺筑土层平均厚 41cm，其中坡体前缘厚度 45cm，后缘厚度 20cm，坡体平均坡角为 49° (图 2.1)。

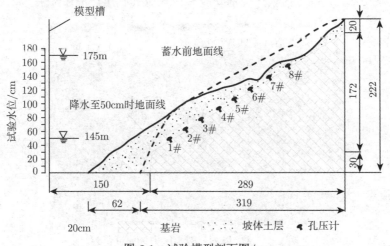

图 2.1　试验模型剖面图/cm

本试验以三峡水库实际蓄水状况，水位从 145m 蓄水至 175m，按模型的几何相似比以及坡体材料的物理力学参数，模型正常水位变幅为 $30/\lambda_1$=30/25=1.2m，基本对应实际 145~175m 库水位变化，在模型槽前部左右两侧对应位置用彩色绘图笔标注试验水位及相应的水库实际水位。

三峡水库的蓄水降水周期为 1 年，时间相似系数 λ_t=250，本模型的蓄水、降水变化周期确定为 29.5 小时，从 2012 年 7 月 30 日 6:30 至 2012 年 7 月 31 日 12:00。试验过程划分为 0~50cm 前期蓄水、50~120cm 正常蓄水、120~170cm 正常蓄水和 175~50cm 降水四个阶段。为反映三峡水库的实际蓄水、降水过程中岸坡变形特征，在试验升降水过程中，多次暂停蓄水和放水。其中，蓄水过程中，在试验水位 50cm, 120cm, 148cm, 170cm 处暂停蓄水，暂停时长分别为 2 小时 30 分、1 小时 30 分、2 小时、8 小时 30 分。降水过程中，在试验水位 120cm 处暂停放水，暂停时长为 1 小时。模型试验时间过程如表 2.1。

表 2.1　模型试验时间过程

试验水位/cm	实际水位变化/m	蓄水降水时间/h
0→50	90→145	4 小时 (2012 年 7 月 30 日 6:30~10:30)
50→120	145→162.5	5 小时 30 分 (2012 年 7 月 30 日 10:30~16:00)
120→170	162.5→175	15 小时 30 分 (2012 年 7 月 30 日 16:00~31 日 7:30)
170→50	175→145	4 小时 30 分 (2012 年 7 月 31 日 7:30~12:00)

为测得水位升降过程中在不同水位状态下坡体滑面不同高程的孔隙水压力，砂浆抹面时，沿模型纵断面中部从底部高程 40cm 开始每隔 20cm 预留 8 个直径 10cm 的小孔 (图 2.2)，在铺土前依次分别安放 8 个振弦式孔压计 (图 2.1)。

图 2.2　试验模型孔隙水压力计安设位置

2.1.2　试验仪器及设备

试验仪器及设备包括：SL-406 振弦式孔隙水压力计 (8 个)，SL-406 系列读数仪 (1 个)，高精度摄像仪，阀门 (1 个)，土工取样设备 1 套 (包括取土器、称量盒、修土刀)，水管 (100 米)，直尺，皮尺，手表 (1 个)，电子秤 (1 台)，保鲜膜。

2.1.3　试验材料

现场粘土，水。

2.1.4   土层填筑

取现场粘土分层进行岸坡模型土层铺筑。为减小填土过程中对土体密实度的影响，采用先从两边铺筑，然后分层铺筑中间部分 (如图 2.3)。土体容重由土体质量和体积控制，控制在 $17\sim18\mathrm{kN/m^3}$，如表 2.2。铺筑好的土体如图 2.4。

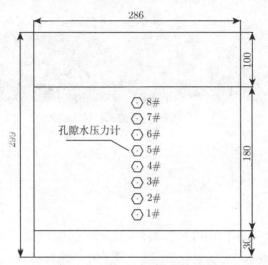

图 2.3   土体铺筑平面示意图/cm

表 2.2   各层填土的体积和质量

铺筑土层	宽度/m	体积/m³	质量/t	容重/(kN/m³)
第 1 层	1.3	0.2599	0.5198	17
第 2 层	1.3	0.1408	0.2816	17
第 3 层	1.3	0.1620	0.3240	17
第 4 层	1.3	0.1547	0.3094	17
第 5 层	1.3	0.1754	0.3508	17
第 6 层	1.3	0.1728	0.3456	17
第 7 层	1.3	0.1437	0.2874	17
第 8 层	1.3	0.1284	0.2568	17
第 9 层	1.3	0.1674	0.3348	17
第 10 层	1.3	0.1110	0.2220	17

图 2.4　铺筑粘土的试验模型坡体

2.1.5　试验过程

1. 变形量测

为探讨三峡水库正常水位变幅前蓄水对岸坡变形的影响，试验从岸坡坡脚试验水位 0cm 开始蓄水。蓄水前，在模型上部顺岸坡纵向搭设水平扶梯，用一卷尺于扶梯处同一水平位置，在卷尺上每隔 5cm 用铅垂测量岸坡纵向中部纵断面坡面点的垂直高度，用于绘制蓄水前岸坡中部的纵剖面图 (图 2.1)。

试验中，用卷尺、直尺和铅锤现场组合测量水位升降过程中不同阶段新生裂缝的宽度、长度、深度以及裂缝出现的位置，用秒表记录新生裂缝出现的时间，并对新生裂缝出现时模型槽前部标注的试验水位和实际水位进行读数 (表 2.3～表 2.6)。同时，在新生裂缝产生及坡体局部坍塌时用数码相机进行实时拍照，并用数码摄像机进行全程拍摄，以供在室内分析时校核现场的测量结果使用。

表 2.3　7 月 30 日模型试验 0～50cm 蓄水阶段坡面新生裂缝发展演化记录

蓄水范围/cm	试验水位/cm	实际水位/m	蓄水时间	新生裂缝序号及发展变形迹象	裂缝长度及深度/cm
	0	132	6:30		—
	15	136	7:00	①岸坡底部出现裂缝，且裂缝不断扩展变深。	长度：66 深度：5～6
	28	140	7:10	②底部右侧出现裂缝，下部形成滑体，裂缝扩展，滑体滑动，岸坡坡脚局部滑落。	长度：100 深度：10～12
0～50	45	144	7:54	③在岸坡前部出现弧形裂缝，裂缝扩展，约 2 分钟后，裂缝前部滑体塌落。	长度：185 深度：5～6
	50	145	7:57	④弧形裂缝左侧，出现延伸到左侧边界的裂缝，在约 1.5 分钟后裂缝下部滑体塌落。	长度：156 深度：18～30

蓄水范围/cm	试验水位/cm	实际水位/m	蓄水时间	新生裂缝序号及发展变形迹象	裂缝长度及深度/cm
	50	145	7:57	蓄水实际水位到达145m，暂停蓄水。	—
	50	145	8:00	随库水入渗，水位线附近坡体继续坍塌。	—
	50	145	8:25	⑤中部弧形裂缝右侧出现裂缝，约1分钟后裂缝下部坡体发生塌落。	长度：28 深度：15~18
	50	145	8:46	⑥岸坡左侧形成弧形裂缝。	长度：119.5 深度：33
0~50	50	145	9:01	⑦岸坡前缘右侧出现横向裂缝，贯通到右侧边界，贯通后前部滑体发生蠕滑，约1个小时后其前部滑体塌落。	长度：165 深度：34
	50	145	9:46	⑧右侧出现裂缝。	长度：54 深度：18
	50	145	10:22	⑨中部出现弧形裂缝，前部滑体迅速塌落。	长度：58 深度：22~28
	50	145		暂停蓄水2小时30分钟后，岸坡无新裂缝产生。	—

表 2.4 7 月 30 日模型试验 50~120cm 蓄水阶段坡面新生裂缝发展演化记录

蓄水范围/cm	试验水位/cm	实际水位/m	蓄水时间	新生裂缝序号及发展变形迹象	裂缝长度及深度/cm
	50	145	10:30	开始蓄水。	—
	58	147	11:04	⑩前缘中部产生裂缝，扩展较快，且与10:22水位50cm时产生的裂缝贯通。	长度：142 深度：26~28
	58.1	147.1	11:08	⑪前缘左侧出现横向裂缝，裂缝扩展较快。	长度：90 深度：29~33
	58.3	147.2	11:13	裂缝贯通，局部裂缝下部发生坍塌，左侧裂缝变宽。	—
50~120	67.3	149.3	11:30	⑫中部出现裂缝后，裂缝前部立即坍塌。	长度：60 深度：23~30
	67.5	149.4	11:34	⑬前缘右侧出现裂缝。	长度：64 深度：30~32
	70.5	150.1	11:45	⑭前缘右侧出现裂缝，规模较大，裂缝扩展变宽速度较前面出现的裂缝快。	长度：123 深度：24~34
	80	152.5	12:08	⑮前缘左侧出现裂缝。	长度：67 深度：20~24
	85	153.8	12:24	⑯前缘中部及右侧形成一条规模较大的裂缝，中部裂缝变宽速度较大，形成的滑体较长，滑体中部形成次生裂缝，中部滑体首先发生坍塌，而后右侧滑体坍塌。	长度：156 深度：28~33

蓄水范围/cm	试验水位/cm	实际水位/m	蓄水时间	新生裂缝序号及发展变形迹象	裂缝长度及深度/cm
	94	156	12:39	⑰前缘左侧出现一条裂缝,规模较大,岸坡中部的发展较快,左侧较慢;随着岸坡厚度的增大,出现的裂缝不断变深,变宽,前部滑体的坍塌时间变长,在裂缝张开过程中,裂缝两侧的土体塌落于张开的裂缝中。	长度:130 深度:26~30
	99.5	157.4	13:20	⑱前缘中部出现较长裂缝,规模相对较小,裂缝开裂变宽,速度较快。	长度:184 深度:20~26
50~120	106	159	13:52	⑲前缘右侧出现裂缝,裂缝前部滑体规模较大,同一水平左侧稍后也形成裂缝,滑体规模亦较大,滑体宽度约 35cm。	右侧长度:31 右侧深度:25 左侧长度:72 左侧深度:28
	115.5	161.4	14:05	⑳前缘中部出现弧形裂缝,在 13:52 形成的左右裂缝之间,裂缝前部滑体规模较大,最大宽度约 50cm。	长度:120 深度:35
	119	162.3	14:13	㉑在滑体中后缘出现一条细小裂缝,模型后缘约 62cm,长度约 100cm。	长度:100 深度:33
	120	162.5	14:30	蓄水至实际库水位 145m,暂停蓄水。	—
	120	162.5	14:38	中部裂缝与两侧裂缝贯通,贯通裂缝无明显位移。	—

表 2.5　7 月 30 日 ~31 日模型试验 120~170cm 蓄水阶段坡面新生裂缝发展演化记录

蓄水范围/cm	试验水位/cm	实际水位/m	蓄水时间	新生裂缝序号及发展变形迹象	裂缝长度及深度/cm
	120	162.5	16:00	开始蓄水。	—
	122.8	163.2	16:13	蓄水后贯通裂缝宽度变大,裂缝前部滑体下滑加速。	—
	126.7	164.2	16:27	水位上升造成贯通裂缝前缘滑体局部塌落(左侧)。	—
	134	166	17:10	㉒前缘右侧出现裂缝,裂缝发展缓慢。	长度:65 深度:14~26
120~148	139	167.3	17:50	㉓岸坡前缘出现弧形裂缝,裂缝发展较慢,且向左扩展,与早先形成的前部裂缝贯通,而且与 14:13 形成后缘拉张裂缝相交贯通,三条裂缝交于一点。	长度:113 深度:12~16
	147	169.3	18:13	㉔后缘产生一条 114cm 长的细小裂缝,与 10:13 形成的后缘裂缝贯通。	长度:114
	148	169.5	18:30	暂停蓄水。	—
	148	169.5	20:30	开始蓄水。	—
148~170	151.5	170.4	21:29	后缘 114cm 的细小裂缝张开宽度加大。	—
	158	172	22:02	㉕在已经贯通的裂缝后缘形成一条约 218cm 长的裂缝。	长度:218

续表

蓄水范围/cm	试验水位/cm	实际水位/m	蓄水时间	新生裂缝序号及发展变形迹象	裂缝长度及深度/cm
	170	175	23:00	暂停蓄水	—
148~170	170	175	23:18	㉖后缘出现一条竖向裂缝，与模型槽右侧边界相距 62~71cm，并与后缘相交。	长度：126.5
	170	175	6:30	㉗后缘产生一条与坐标原点长约 68cm 的细小裂缝。在实际蓄水位停滞在最高水位 175m 的其他时间，岸坡无明显变化。	长度：68

表 2.6　7 月 31 日模型试验 170~50cm 降水阶段坡面新生裂缝发展演化记录

降水范围/cm	试验水位/cm	实际水位/m	降水时间	新生裂缝序号及发展变形迹象	裂缝长度及深度/cm
	170	175	7:30	开始降水。	—
170~120	134.4	166.1	8:27	㉘水位下降过程中，岸坡后缘产生较长裂缝，裂缝发展缓慢，裂缝前部不同位置出现不同长度的细小裂缝。	长度：246
	134.4~120	166.1~162.5	8:27~8:45	裂缝前部细小裂缝增多。	—
	120	162.5	8:45	暂停降水。	
	120	162.5	9:00	㉙岸坡后缘继续产生较大裂缝，裂缝宽度 3-5cm 后缘裂缝张开变宽，局部发生坍塌。	长度：174
	120	162.5	9:45	继续降水。	
120~50	96	156.5	10:43	㉚水位下降过程中，出现新的裂缝，并伴随分支裂缝，在岸坡中部产生 20cm 宽的台阶。	长度：162
	84	153.5	11:00	㉛在岸坡中前部产生细小的平行拉张裂缝，	长度：45
	80	152.5	11:16	㉜岸坡中部的细小裂缝贯通，形成长约 35cm 的裂缝，此裂缝下部产生一条 25cm 长的裂缝，两条裂缝在左侧相交。在两条裂缝的下部产生羽状裂隙。	长度：35
	52	145.5	11:40	在水位线以上边界附近产生拉张裂缝。	—

　　降水到试验水位 50cm 时，再量测岸坡纵向中部纵断面坡面点的垂直高度，用于绘制一个水位变幅后岸坡的纵剖面图 (图 2.1)。

　　2. 孔隙水压力量测

　　从试验水位 50cm 开始，每隔 20 分钟左右对 8 个孔压计依次进行读数，并测量孔压计每次读数时模型槽水位，以及此时的蓄、降水时间，但 3 号和 6 号孔压计可能在铺筑土层过程中损坏，没有测出数据，其他 6 个孔压计的量测结果如表 2.7、表 2.8。

表 2.7　蓄水位上升各孔隙水压力计读数表

标号＼时间	初始读数	8:05	9:12	10:13	11:14	11:49	12:22	12:51	13:31	13:55	14:24	14:52
1#	1645.5	1645.5	1643.5	1643.1	1627.9	1615.7	1599.4	1586.5	1570.7	1561.6	1551.1	1547.5
2#	1709.4	1697.3	1684.8	1684.7	1665.9	1654.5	1637.4	1625.5	1607.6	1598.9	1586.7	1583.6
4#	1703.5	1703.5	1703.5	1705	1703.4	1696.7	1679.8	1667.2	1650.1	1642.3	1632	1629
5#	1672.7	1672.8	1672.9	1672.8	1673	1672.8	1672.8	1672.9	1662.9	1656.8	1645.2	1641.1
7#	1681.6	1684.3	1685.7	1687.4	1689.3	1690	1690.6	1691.1	1688.7	1667	1649.4	1646
8#	1666.2	1666.4	1666.3	1666.4	1666.5	1666.5	1666.5	1666.5	1666.7	1666.7	1665.3	1663.3
水位/cm	0	50	50	50	55	69	84	96	103	107	120	120

标号＼时间	15:13	15:26	15:36	15:56	16:15	16:25	16:35	16:47	16:57	17:07	17:17	17:27
1#	1547.5	1547.4	1547.5	1547.5	1544.1	1540.4	1537	1535.7	1536.6	1532.8	1530.3	1527.3
2#	1583.7	1583.7	1584.1	1584	1580.5	1576	1572.8	1572.1	1571.7	1570.2	1567.5	1564.2
4#	1629.1	1628.9	1629.2	1629.1	1625.5	1621.8	1618.7	1618.3	1617.4	1615.2	1612.4	1609.2
5#	1641.1	1641.3	1641.3	1641.2	1638.5	1635	1634.1	1633.8	1633.8	1631	1629.2	1626.8
7#	1646.5	1646.8	1647.3	1647.4	1643.9	1640.1	1636.7	1636.1	1637	1634.6	1632.5	1628.5
8#	1663.1	1663.2	1663.3	1663.1	1662.7	1658.7	1658	1656.6	1654.6	1654	1652.9	1650
水位/cm	120	120	120	120	123	125	129	130	132	133	135	136

标号＼时间	17:37	17:47	17:57	18:07	18:17	20:40	20:50	21:00	21:12	21:22	21:32	21:42
1#	1524.6	1522.1	1519.8	1518.9	1518.9	1518.9	1516.1	1513.3	1510.4	1509.3	1506.5	1503.6
2#	1560.8	1558.1	1555.7	1555	1554.9	1553.3	1550.2	1547.3	1544.6	1542.1	1538.6	1536.2
4#	1606.7	1604.3	1601.6	1601	1601	1601	1598.1	1595.1	1592.7	1589.9	1587.6	1584.7
5#	1624.4	1622.3	1620.6	1619.7	1619.8	1619.5	1617.7	1615	1612.8	1610.5	1608.3	1606.2
7#	1625.8	1622.2	1619.5	1618.9	1618.8	1616.3	1613.3	1610	1607.3	1604	1601.5	1598.4
8#	1644.6	1639.1	1635.5	1635.1	1634.7	1632.9	1631.1	1627.7	1625.2	1621.9	1619.5	1616.7
水位/cm	137	138	140	143	147	148	149	150	150.5	151	151.5	153

标号＼时间	21:52	22:09	22:21	22:31	22:41	22:52	23:02	23:14	23:24	23:32	23:40	6:30
1#	1501.7	1497	1494.5	1492.7	1492.2	1494.3	1494	1494.7	1495.1	1495.4	1495.8	1502.6
2#	1533.7	1529.4	1526.8	1524.8	1524.9	1526.1	1527.1	1528	1528.3	1528.9	1529.4	1536.1
4#	1581.5	1577.9	1575.2	1572.8	1572.6	1573.3	1573.7	1574.3	1574.6	1574.9	1575.2	1581.2
5#	1604.1	1601	1598.2	1596.5	1596.2	1596.7	1597.1	1597.4	1597.7	1597.7	1598	1602.9
7#	1595.4	1591.6	1588.2	1586.1	1585.5	1586.2	1586.6	1587.3	1587.6	1587.9	1588.2	1594.3
8#	1614.7	1609.4	1607.3	1605.2	1604.4	1604.8	1605.2	1605.5	1605.6	1605.9	1606.1	1611.4
水位/cm	157	159	163	166	168	169	170	170	170	170	170	170

表 2.8　水位下降各孔隙水压力计读数

标号＼时间	7:04	7:21	7:32	7:42	7:52	8:04	8:14	8:29	8:39	8:49	8:59	9:09
1#	1475.4	1478.7	1482.3	1485.1	1488.3	1492.4	1496.4	1488.3	1494.1	1497	1498.2	1499.4
2#	1509.5	1512.9	1516.9	1519.9	1527.5	1527.3	1532.8	1539.1	1549.5	1549.4	1548	1547.5
4#	1559.1	1562.6	1565.6	1568.8	1572.1	1574.6	1578.2	1575.6	1572.3	1576.3	1577.8	1578.7
5#	1585.9	1588.5	1591.2	1593.9	1595.9	1599.3	1603.1	1608.3	1601.3	1604	1604.6	1604.9
7#	1579.2	1582.3	1585.9	1588.2	1591.8	1596.1	1601	1610.1	1602.8	1549.2	1610.3	1610.8
8#	1616	1619	1622.1	1624.5	1527.5	1630.8	1634.6	1654.3	1659.1	1651	1649.1	1648.3
水位/cm	170	170	165	159	153	147	141	135	128	120	120	120

标号＼时间	9:19	9:29	9:49	9:59	10:10	10:20	10:30	10:40	10:50	11:00	11:10	11:20
1#	1500.1	1500.9	1501.9	1508	1514.4	1520.3	1524	1530.8	1541	1550.3	1563.1	1567.9
2#	1547.3	1547.2	1547.2	1552.6	1563	1572.6	1579.8	1584.4	1594.9	1604.1	1621.4	1626.7
4#	1579.3	1579.9	1580.9	1586.9	1591.7	1592.3	1598.3	1606.3	1616	1623.9	1633.5	1636.5
5#	1605	1605.1	1605.2	1609.3	1614.4	1616.2	1618.8	1624	1629.7	1633.7	1639.3	1643.2
7#	1611	1611.1	1611.3	1615.3	1620.3	1625.3	1625.8	1630.5	1637.6	1641.8	1651.2	1656.1
8#	1647.7	1647.4	1646.7	1648	1651.1	1661.5	1524	1654.2	1654.9	1655.6	1658	1658.9
水位/cm	120	120	118	114	110	105	100	95	90	84	75	70

标号＼时间	11:30	11:40	11:50	12:00	12:10	12:50
1#	1573.6	1577.6	1580.8	1583.7	1585.6	1590.9
2#	1637.6	1642.9	1646.4	1647.4	1648.8	1651.6
4#	1642.5	1647.5	1653.5	1655.3	1657.1	1660.7
5#	1650	1653.1	1655.4	1654	1654.6	1655
7#	1661.7	1666	1667	1666.5	1666	1665.2
8#	1659.8	1660.2	1660.5	1660.7	1661.1	1661.9
水位/cm	65	61	55	50	50	50

2.2　岸坡土体内孔隙水压力变化特性

2.2.1　水位上升阶段 (0∼170cm)

本试验所用的振弦式孔隙水压力计换算公式为

$$p = K(f_0^2 - f_1^2) \tag{2.1}$$

K 为每个孔隙水压力计标定系数；f_0 为每个孔隙水压力计的初始读数。

根据公式 (2.1) 推导出每次所测孔隙水压力值，绘制出孔隙水压力曲线 (图 2.5)。

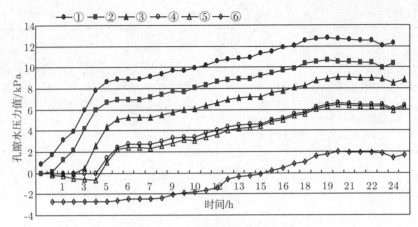

图 2.5　水位上升孔隙水压力曲线

滑坡发生前实际水位 90m，故为反映原型真实水位变化情况，从 0cm 开始蓄水。待水位稳定后，每隔 30min 记录一次各个测点孔隙水压力计读数。不同高程处测点孔隙水压力变化曲线如图 2.5。

在整个水位上升阶段，随着坡体内水位线逐渐升高，各测点孔隙水压力曲线呈上升趋势，且各测点孔隙水压力曲线相互平行。在初始蓄水位 6h 内，各孔隙水压力曲线呈线性变化，斜率较大，且相互平行。蓄水位匀速上升过程中，坡体内孔隙水压力曲线上升幅度相对较缓。

0～50cm(实际水位变化：90～145m，8:30～10:30)，图 2.5 中①测点孔隙水压力值初始蓄水阶段为负，产生毛细负压。

50～120cm(实际水位变化：145～175m)，这个蓄水阶段中，各测点孔隙水压力曲线急剧上升，对应该区段地下水位线上升较快，表明向坡体内渗透速率较快。由坡外向坡体内渗透，产生朝向坡体内的渗透力有利于坡体稳定。

蓄水位从 120～148cm(16:00～18:30) 上升阶段，各测点孔隙水压力曲线变化较缓，表明此时坡体土体正趋于饱和阶段。模型坡体内地下水位线上升速度与坡外水位上升速度保持一致。

在 120cm、148cm 水位暂停蓄水阶段，各测点孔隙水压力曲线基本无太大变化，坡体内水位线处于稳定状态，此时岸坡基本稳定。蓄水达到预期高度 170cm(实际水位 175m) 后，暂停 5h。整个坡体达到饱和，坡体内水压力为静水压力。

2.2.2　水位下降阶段 (170～50cm)

水位到达 170cm(实际水位 175m) 暂停蓄水，待水位稳定岸坡土体饱和后开始放水。每隔 30min 记录孔隙水压力计的读数，由公式 (2.1) 得出每个孔隙水压力相对应值，并绘出水位下降时孔隙水压力变化曲线如图 2.6。

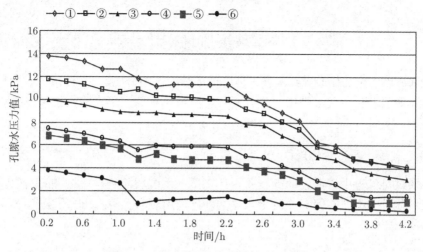

图 2.6 水位下降过程孔隙水压力曲线

整个水位下降阶段 (170~50cm)，孔隙水压力曲线和地下水位线曲线都呈下降趋势，且相互平行，表明坡体内地下水位线逐渐降低，并向坡外排泄。初始降落阶段 (水位降幅：170~134.4cm，降落时长：2h) 变化率大。图 2.6 中，水位从 134.4cm 降落和 120cm 降落阶段，由于在蓄水位 170cm 时暂停了 5h，土体已完全吸水饱和，突然降水导致渗流梯度较大，地下水位线变化幅度较大。水位从 96cm 降到 52cm 阶段中，坡体外水量较少，且坡体土层较上部相对少，故地下水位线降幅较小。

水位 170~120cm(07:30~08:27)，孔隙水压力曲线近似呈斜线且相互平行，斜率相等，同时坡体内地下水位线变化也近似呈线性变化。同一水位的坡体内地下水位线高程在坡面附近低于滑面附近。在初始水位下降 1.5h 内，坡体内孔隙水压力曲线近似呈线性变化，地下水位线切线斜率最大。靠近坡面的浅层地下水位线基本与坡外水位相平。在水位下降初期，坡体内水位排泄速度与水位下降速度一致。

水位从 120~50cm(09:45~11:40)，各测点孔隙水压力值变化幅度较大。模型坡体粘土含量较高，坡内地下水位降速明显慢于库水位降速，地下水来不及向外排泄，将产生较大的朝向坡外的动水压力，坡体新增许多裂缝 (表 2.8)。

在 120cm 水位暂停降水 1h，孔隙水压力曲线变化幅度较缓，表明此时坡体内地下水位变化速度较慢。

在 50cm 暂停降水 3h 时段，孔隙水压力曲线也趋于水平，地下水位线基本保持水平。

2.3   岸坡渗流场变化特性

水库库水位变化会导致岸坡土体内地下渗流场的变化,影响岸坡的稳定性。岸坡渗流场的变化主要表现为水位升降作用下坡体孔隙水压力的变化和浸润线的变化。

2.3.1   孔隙水压力变化规律

通过对试验中滑面不同高程孔压计在不同水位所测数据 (表) 的整理和转换,得到坡体滑面不同高程 6 个孔隙水压力传感器所测得孔隙水压力值随库水位变化的曲线 (图 2.7)。

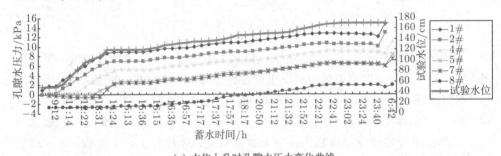

(a) 水位上升时孔隙水压力变化曲线

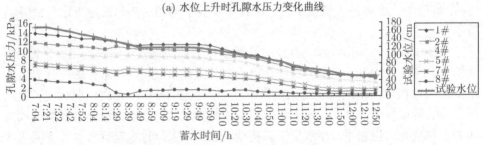

(b) 水位下降时孔隙水压力变化曲线

图 2.7   水位升降过程中孔隙水压力变化曲线

由图 2.7,从 6 个孔压计值总体变化看出,土质岸坡滑面处孔隙水压力随库水位的变化,蓄水过程中,随着试验水位升高孔压计值逐渐变大,降水过程中,随着试验水位下降压计值逐渐减小,在暂停蓄水和暂停降水时,孔压计值变化速率减小。从单个孔压计变化看出,位于初始水位高程以下 40cm 处的 1#孔压计在水位升降过程中孔隙水压力涨消和水位变化最为一致;位于初始水位以上 2#(高程 60cm)、4#(高程 100cm) 孔隙水压力变化和水位变化曲线基本一致,5#、7#、8#孔隙水压力涨消与水位的涨落不同步,明显滞后于水位的变化;在同一水位孔

水压力值随孔压计所处高程增大而减小，如在最高水位时，高程最低处 1# 值为
14.79kPa，高程最高处 8# 为 1.90kPa；在试验水位上升和下降过程中，孔压计随高
程增大孔隙水压力值变幅逐渐减小，1# 变幅 13.89 kPa，8# 为 4.57kPa；位于滑面
较高高程的 5#、7#、8# 孔压计在试验水位较低时均出现负值，孔压计高程越高，
出现负孔压的时间愈长，绝对孔压值越大，如 8# 孔压计最大孔压值达到负 3 kPa。

2.3.2　浸润线变化规律

水位上升阶段，由图 2.8(a)，水位从 50→120cm、120→148cm、148→170cm 上
升时，浸润线在坡面附近向上弯曲，同一水位的浸润线坡面处高于滑面处，坡体浸
润线上升滞后于水位上升，且越靠近滑面越明显，说明随着水位的上升，水由坡面
向坡体内补给。在 120cm，148cm，170cm 水位暂停蓄水时，浸润线在滑面附近逐渐
抬高，坡面附近基本保持原来位置，浸润线逐渐变得较为平缓。

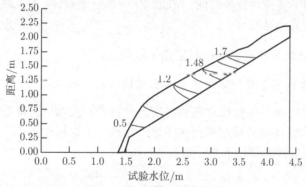

(a) 水位上升阶段岸坡地下水浸润线

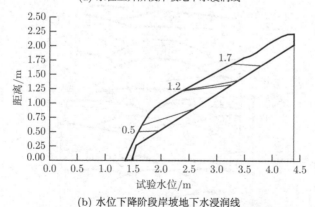

(b) 水位下降阶段岸坡地下水浸润线

图 2.8　水位过程中岸坡地下水浸润线动态变化规律

水位下降阶段，由图 2.8(b)，同一水位的浸润线在坡面附近高程低于滑面附近

高程, 坡体浸润线的下降滞后于水位的下降, 且越靠近滑面越明显, 说明随着水位的下降, 水在由坡内向坡外补给。在 120cm 水位暂停降水 1 小时, 浸润线在滑面附近有所降低, 浸润线逐渐变得较为平缓; 在 50cm 暂停降水 3 小时, 浸润线基本保持水平。

2.4　变形开裂特性

库区岸坡在库水位周期性升降作用下, 一般要经历一个较长的变形发展演化过程, 且变形在时间和空间变化有一定的规律可循。在坡体不同部位, 不同变形阶段会产生拉应力、压应力、剪应力等局部应力集中, 并在相应部位产生与其力学性质对应的裂缝, 同时, 这些裂缝还会在时间和空间上表现出不同的分布变形特性。

通过对试验模型坡面新生裂缝现场测量的分析, 得出库区土质岸坡在库水位周期性升降作用下坡体裂缝的时间、空间演化分期配套规律, 为三峡库区土质岸坡的分期分区治理提供依据。

2.4.1　模型岸坡表面拉张裂缝的时空变化特性

1. 水位升降作用下模型岸坡表面新生裂缝时空分布

为分析岸坡表面新生拉张裂缝的时空变化特性, 把水位升降过程中不同时间点出现的新生裂缝在实验模型平面图中进行标注, 主要标注水位上升过程中新生裂缝出现的时间顺序和裂缝长度, 如图 2.9 所示。

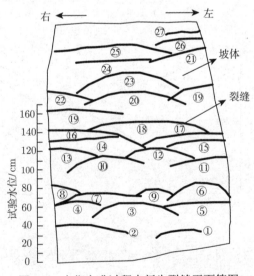

图 2.9　水位上升过程中新生裂缝平面简图

2. 岸坡表面拉张裂缝时间分布特征

以时间为横坐标,蓄水、降水过程中坡体新生裂缝长度与水位变化为纵坐标,根据不同时间的水位变化与裂缝规模 (裂缝长度、宽度、深度) 的关系,分析水位升降过程中不同阶段新生裂缝随时间出现的频率与规模大小的变化规律。

(1) 前期蓄水 (0~50cm) 坡面裂缝随蓄水时间变化特征

为说明岸坡低水位时受蓄水浸泡影响的程度,本试验从试验水位 0cm 起开始蓄水。从图 2.10 看出,7 月 30 日 6:00~10:30 在 0~50cm 的蓄水阶段及 50cm 暂停蓄水阶段均有裂缝产生,且裂缝的时间分配在两个阶段都比较均匀,裂缝的规模 (长度、宽度及深度) 随库水位升高逐渐变大,暂停蓄水后规模逐渐减小。

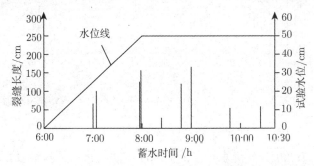

图 2.10 7 月 30 日 0~50cm 水位上升阶段裂缝变化规律

(2) 50~120cm 正常蓄水坡面裂缝随蓄水时间变化特征

7 月 30 日 10:30 从试验水位 50cm 再次蓄水,开始模拟三峡水库实际库水位 145~175m 正常运营时对岸坡的影响。由图 2.11 看出,试验水位 50cm 再次蓄水后,随着水位升高,岸坡新生裂缝出现的频率变快,裂缝规模 (长度、深度、宽度) 较前期蓄水变大,扩展变形及裂缝前缘坍塌速度加快。蓄水至 120cm 暂停蓄水后,岸坡无新裂缝产生,只是蓄水阶段产生的新裂缝贯通,且贯通裂缝无明显位移。

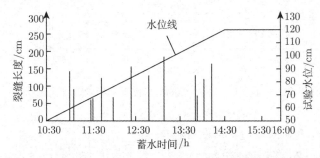

图 2.11 7 月 30 日 50~120cm 水位上升阶段裂缝变化规律

(3) 120~170cm 正常蓄水坡面裂缝随蓄水时间变化特征

7 月 30 日 16:30 从试验水位 120cm 再次蓄水后，由图 2.12 看出，岸坡新生裂缝出现频率开始降低，裂缝规模逐渐减小，裂缝的扩展变形速率变慢，7 月 30 日 16:30 至 20:40 在 148cm 暂停蓄水，7 月 30 日 23:00 至 7 月 31 日 7:30 在 170cm 水位到达最高水位停止蓄水时，基本无新裂缝出现。说明在水位上升到试验水位 120cm 以后，坡体的变形逐渐减小，暂停蓄水后，变形基本消失。

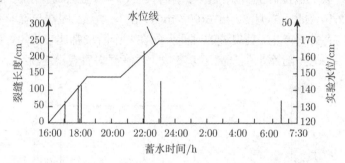

图 2.12　7 月 30~31 日 120~170cm 水位上升阶段裂缝变化规律

(4) 170~50cm 降水阶段坡面裂缝随蓄水时间变化特征

7 月 31 日 7:30 开始降水，在试验水位 170~50cm 下降阶段，由图 2.13，岸坡新生裂缝以后缘裂缝为主，初期降水 (170~120cm) 土质岸坡裂缝的出现频率较低，后期降水 (120~50cm) 裂缝出现频率增大。降水过程中模型两侧坡体与墙面有明显整体摩擦痕迹 (图 2.14)，说明土质岸坡在库水位下降过程中，坡体沿着滑面以整体蠕滑为主，且初期降水蠕滑速度较慢，后期降水整体蠕滑速度较快。

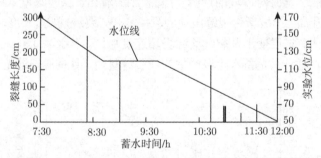

图 2.13　7 月 31 日 170~50cm 水位下降阶段裂缝变化规律

3. 岸坡坡体表面裂缝的空间分布特征

(1) 裂缝横向分布变化特征

试验中，随着水位从土质岸坡坡脚开始蓄水上升，岸坡土体受到库水浸泡，部分水体入渗到坡体内，遇水坡体软化，造成土质岸坡坡脚处局部应力集中，局部应力集中区首先发生局部变形, 局部新生横向裂缝孕育产生 (图 2.15), 在水位不断升高过程中, 位于同一水平带局部新生横向裂缝继续产生。随着局部横向裂缝的扩展变化, 形成与局部横向裂缝同一水平带内的较长的新生弧形裂缝 (图 2.16)。随着水位继续升高, 在靠近水位线附近, 以先形成局部横向裂缝、后形成同一水平带内的弧形裂缝的变形方式重复出现 (弧形裂缝或者是先形成的局部横向裂缝扩展贯通形成, 或者是同一水平带内局部横向裂缝错落形成)。

图 2.14 坡体下滑痕迹图

图 2.15 局部横向裂缝

图 2.16 弧形裂缝

(2) 裂缝纵向分布变化特征

蓄水阶段，模型设计时，坡体前缘设计坡度较陡，临空面条件较好。水位从坡脚试验水位 0cm 附近开始蓄水上升，在坡体前缘水位线附近坡体浸水软化，拉应力集中，并产生向临空方向的拉裂-错落变形，出现横向拉张裂缝 (图 2.15)。随着水位不断升高，前缘横向裂缝变长、加宽、加深，逐渐形成控制性弧形拉张裂缝，水位继续升高，控制性弧形裂缝前缘局部发生坍塌 (图 2.17)，坍塌部分向水下滑移，其后缘土体形成新的临空条件，形成第二次土体变形 → 横向裂缝 → 控制性弧形裂缝 → 坍塌变形过程，此后随着水位的上升，在岸坡水位线附近坡体变形发展依此过程继续进行。但从水位上升到试验水位接近 120cm 开始，在坡体后缘出现拉张裂缝 (图 2.18)，此时，坡体前缘水位线附近产生变形、坍塌运动形式减弱。在水位到达 148cm 时，水位线附近坡前裂缝基本停止发育，后缘裂缝张开位移加大，同一水平带的后缘横向裂缝逐渐贯通，此时岸坡以整体向下蠕滑为主。

图 2.17　弧形裂缝前缘土体坍塌

图 2.18　后缘裂缝

放水阶段，后缘裂缝继续发展。随着水位的逐渐下降，坡体后缘裂缝扩展，产生分支裂缝，坡体边缘形成羽状裂缝，并有新裂缝产生，但裂缝发展缓慢。在后缘拉张变形发展的同时，下座变形也同步进行，当变形达到一定程度后，在水位下降到 96cm 时在滑坡体后缘形成弧形拉张裂缝和 20cm 宽的下错台坎。在水位下降过程中，岸坡两侧与试验边槽墙体出现明显的滑动擦痕，在水位降到 50cm 时，从岸坡坡面可以看到岸坡形成的多级下错台阶。

2.4.2　库水位升降作用下坡面裂缝时空演化分期配套规律

(1) 库水位上升阶段坡面裂缝的时空分期配套规律

蓄水过程中，试验水位上升到 120cm 以前，空间分布岸坡前缘水位线附近控制性弧形裂缝出现，时间分布产生较大频率的横向裂缝及弧形裂缝，往往预示着岸坡水位线附近局部变形速率较快，控制性弧形裂缝前缘土体滑动坍塌频率较大。在水位 120~148cm 时，空间分布表现出岸坡前后缘均有裂缝出现，时间分布前缘新生裂缝出现的频率逐渐减小，水位线附近发生变形坍塌的时间间隔变长，后缘裂缝出现的频率逐渐增大。水位 148~170cm 时，空间分布岸坡前缘水位线附近新生裂缝发育基本消失，后缘裂缝继续发育扩展；时间分布后缘裂缝贯通规模扩大且有新裂缝产生，此时岸坡变形以沿滑动面整体缓慢蠕滑为主。在整个水位上升阶段暂停蓄水时岸坡裂缝的时空变形均较小，不易发生局部坍塌。

(2) 库水位下降阶段坡面裂缝的时空分期配套规律

试验水位 170~50cm 下降过程中，初期降水，空间分布新生拉张裂缝主要出现在岸坡坡体后缘，时间分布后缘拉张裂缝出现频率较低，发展缓慢；后期降水，空间分布拉张裂缝贯通规模扩大，产生下座变形，中后部出现下错台坎，时间分布后缘新生裂缝出现频率增大；暂停降水时后缘新生裂缝产生频率较低，裂缝扩展变形量较小。水位下降阶段岸坡沿滑动面发生整体缓慢蠕滑。

第 3 章　浸泡条件下土体物理力学参数变化特性

3.1　周期性浸泡作用下土体矿物成分变化特性

针对巫山宁江岛填土情况[41]，分析在库区库水位周期性涨落作用下土体内部矿物含量的变化[42]，对三峡库区巫山宁江岛松散土体进行多晶 X 射线衍射试验。研究分天然状态、长期浸泡和周期性浸泡三种工况，其中长期浸泡进行 45 天，周期浸泡以三天为一个周期 (浸泡两天，自然风干一天)，一共进行 15 个周期，并将最后结果进行对比得到结果。天然状态下巫山宁江岛填土矿物成分见图 3.1(后附彩图)，根据物相检索[43] 之后，分析得该区杂土黄色填土含有的主要矿物为陆源碎屑矿物，即石英、方解石 (与白云石共生) 和少量云母类矿物；粘土矿物，少量蒙脱石和伊利石。

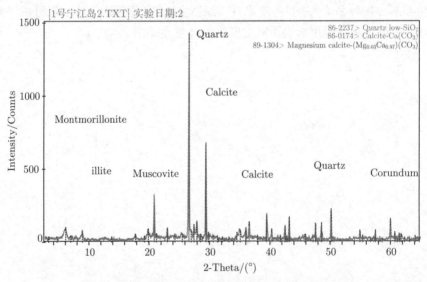

图 3.1　宁江岛填土 X 射线衍射谱图 (后附彩图)

天然状态与长期浸泡状态下巫山宁江岛填土矿物成分对比见图 3.2(后附彩图)。图中红色谱图为天然状态，绿色谱图为长期浸泡 15 天状态，通过对比可得：矿物组成及其衍射峰角度位置基本不变；各矿物成分特征峰的衍射强度明显降低；方解石由于在浸泡作用下溶解特征峰消失。

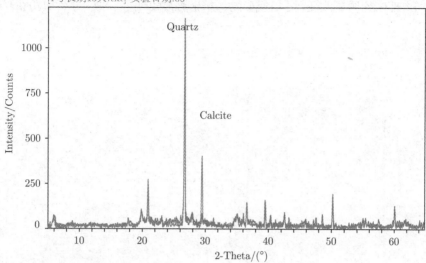

图 3.2 巫山宁江岛填土土样天然状态与长期浸泡 15 天状态下的对比图 (后附彩图)

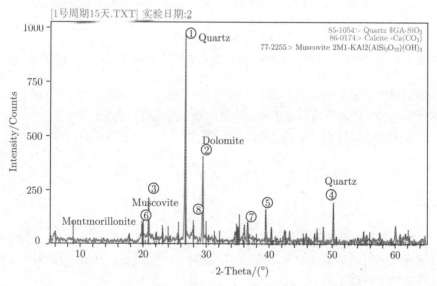

图 3.3 巫山宁江岛周期浸泡 15 天衍射谱图 (后附彩图)

如图 3.3(后附彩图), 我们得到该土样在周期浸泡 15 天后含有的组成矿物有陆源碎屑物有石英、白云石和云母类矿物; 粘土矿物为少量蒙脱石。

巫山宁江岛填土长期浸泡 15 天与周期浸泡 15 天结果对比显示, 在周期浸泡作用下方解石的衍射特征峰消失, 而通过之前的分析我们已经知道长期浸泡作用下该样品的分析图谱与天然状态下并没有明显的改变。由此得知, 周期浸泡作用下土体的内部结构明显改变, 各组成矿物的衍射强度也明显降低, 分析如图 3.4(后附彩图)。

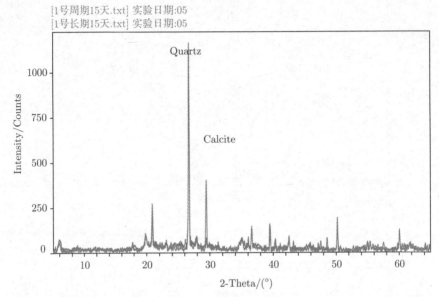

图 3.4　巫山宁江岛土体长期浸泡 15 天与周期浸泡 15 天结果对比图 (后附彩图)

　　根据试验结果, 巫山宁江岛填土的主要矿物成分为陆源矿物, 如石英、云母、方解石等, 此外大多包含粘土矿物, 如蒙脱石、伊利石、绿泥石等。

　　采取内标法进行土样矿物成分定量计算:

$$X_i = \frac{I_i/K_i}{\sum\limits_{j=1}^{n} I_j/K_j} \tag{3.1}$$

式中, I_i 为各衍射峰强度, 其值可从经物相分析后的卡片库里读出; K_i 为各物相的最强线与刚玉的最强线的比强度, 即所谓的 "参考比强度"(RIR), 其值可从经物相分析后的卡片库里读出。

　　根据式 (3.1) 的内标法计算矿物的组成含量, 得不同状态下库区松散土体的矿物组成含量见表 3.1。

　　巫山宁江岛填土中石英含、云母及方解石含量在长期浸泡与周期浸泡下的含量对比图, 见图 3.5 至图 3.7。

　　试验结果表明: 石英、云母及长石等陆源碎屑矿物在周期浸泡下含量降低, 影响宁江岛填土强度; 自生矿物如方解石、白云石在周期性浸泡作用下含量增高, 而

表 3.1 巫山宁江岛填土不同状态下物相定量分析结果

天然状态	物质	蒙脱石	伊利石	云母	石英	方解石
	强度值	76	66	227	1638	653
	含量/%	4.75	9.07	34.66	35.84	15.69
长期浸泡	物质	蒙脱石	伊利石	云母	石英	陨氮钛石
	强度值	62	41	85	1122	79
	含量/%	7.99	11.63	26.79	50.69	2.90
周期浸泡	物质	蒙脱石		云母	石英	白云石
	强度值	48		182	1122	391
	含量/%	4.54		42.1	37.2	16.15

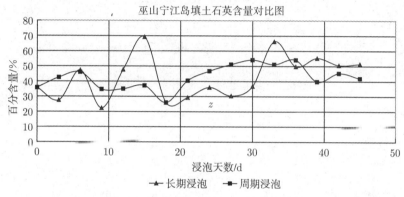

图 3.5 巫山宁江岛填土石英含量对比

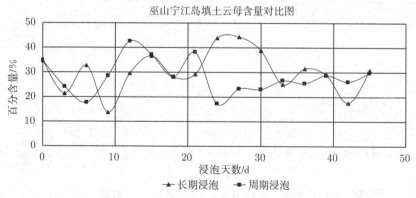

图 3.6 巫山宁江岛填土长期浸泡与周期浸泡下方解石族含量对比

这类矿物是石灰岩和白云岩的主要组成矿物，岩石会严重受到水的浸泡和冲刷作用的影响，三峡库区的典型松散土体在周期性浸泡作用下岩性的强度急剧降低。对库区三个港区岸坡典型土样进行了 X 衍射光谱分析，测试结果见表 3.2。试验结果表明，库区三大港区岸坡典型土样中富含蒙脱石、伊利石、高岭石和绿泥石等粘土矿物，占土体总矿物含量的 60%～80%。

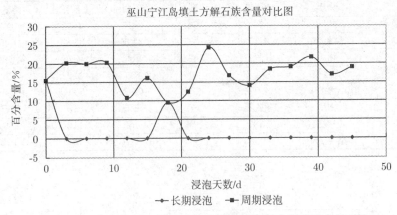

图 3.7　巫山宁江岛填土长期浸泡与周期浸泡下方解石族含量对比

表 3.2　港区土体 X 衍射光谱试验成果

工程名称	矿物组成/%						强度参数	
	蒙脱石	伊利石	高岭石	绿泥石	长石	石英	c/kPa	φ/(°)
白马港粘性土	41	17	3	12	9	18	23.4	17.2
龙门港粉质粘土 1#	51	17	4	10	11	7	36.6	12.8
龙门港粉质粘土 2#	48	8	11	11	13	9	33.4	14.3
青草背港粉质粘土 1#	49	29	6		10	9	34.3	13.0
青草背港粉质粘土 2#	45	17	13	7	29	10	31.5	16.7

3.2　周期性浸泡作用下土体抗剪强度参数变化特性

采取三个港区典型的土体共 9 种 (奉节白马港区的粉质粘土、粘性土和碎石土，万州青草背港区的素填土、粉质粘土和粘性土，巫山龙门港区的杂填土、粉质粘土和粘性土) 试样土体进行周期性浸泡试验。浸泡试验的基本程序如下：

第一，玻璃钢预制 3 个 2.0m×2.0m×1.5m 的试验槽，槽底建造 25cm 高透水平台；

第二，现场取土，按天然密实度控制压实，填筑成斜坡坡度为 40°，用纯净水浸泡至饱和；

第三，抽干试验槽内的水体以模拟库水位降落，取土体样进行直剪试验。浸泡后土体按三种饱和度 ≥90%、75%～90% 和 ≤75% 取样，分别代表饱和状态、过渡状态和天然状态下的土体；

第四，一次性填筑试验槽内土体，根据对三峡库区万州、江津等地长江岸坡滨江路建设所填筑的土体在经历了 3 个水文年后变形即趋于稳定的实际情况，研究共进行三次浸泡，据此代表周期性浸泡。试验结果见表 3.3。

表 3.3 港区土体周期性浸泡作用下抗剪强度参数变化

港区土体 强度参数			奉节白马港			万州青草背港			巫山龙门港		
			粉质粘土	粘性土	碎石土	素填土	粉质粘土	粘性土	杂填土	粉质粘土	粘性土
原状土 抗剪强度	峰值	c/kPa	23.41	34.12	28.41	23.47	34.32	26.36	17.27	36.57	36.32
		φ/(°)	17.20	14.53	34.65	24.17	13.02	21.84	19.66	12.75	13.17
	残余值	c/kPa	19.21	19.21	21.60	21.12	28.90	21.09	14.42	30.77	29.83
		φ/(°)	14.16	14.16	31.41	16.92	9.98	15.29	13.01	10.61	9.65
第一次 浸泡试验	饱和	c/kPa	22.00	21.60	28.60	20.10	26.50	24.10	17.70	18.70	15.20
		φ/(°)	11.30	13.40	21.50	13.20	11.80	12.35	16.60	11.30	12.40
	过渡	c/kPa	23.3	23.30	28.70	20.60	26.70	24.60	20.70	19.10	15.70
		φ/(°)	12.60	18.70	25.90	15.10	13.90	13.40	18.70	12.70	13.60
	天然	c/kPa	24.80	23.70	28.80	21.40	27.90	24.90	24.90	20.00	16.30
		φ/(°)	18.90	22.90	38.70	23.80	21.10	19.80	28.30	17.60	19.10
第二次 浸泡试验	饱和	c/kPa	21.1	20.9	28.0	19.8	25.7	23.1	17.3	18.4	14.6
		φ/(°)	11.2	13.1	21.3	13.0	11.4	11.4	16.5	11.2	12.1
	过渡	c/kPa	21.5	21.1	27.6	20.5	25.9	24.7	17.9	16.3	15.2
		φ/(°)	12.0	19.2	26.6	17.6	13.2	12.9	19.1	12.4	15.6
	天然	c/kPa	22.9	23.0	28.5	21.3	26.7	25.6	18.5	19.7	16.0
		φ/(°)	18.3	21.2	34.3	23.1	20.2	18.9	28.6	15.6	18.8
第三次 浸泡试验	饱和	c/kPa	21.3	19.89	29.70	20.57	14.40	15.77	15.53	14.60	14.26
		φ/(°)	11.1	9.82	10.93	10.62	7.37	9.67	11.50	8.50	12.52
	过渡	c/kPa	21.4	24.91	37.45	36.62	29.99	25.71	21.09	24.64	23.57
		φ/(°)	13.5	12.83	27.73	15.62	17.31	14.63	14.20	15.95	18.61
	天然	c/kPa	21.8	23.50	36.62	26.38	6.90	17.85	15.60	10.21	12.47
		φ/(°)	26.01	29.08	33.73	33.12	28.25	30.12	28.70	28.83	34.72

试验数据表明，随着浸泡次数的增加，试样抗剪强度参数呈逐渐降低的趋势（图 3.8 与图 3.9）。

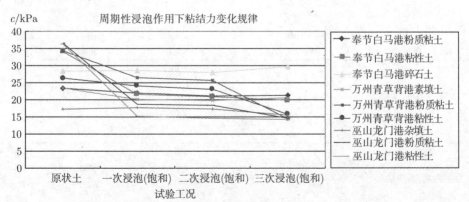

图 3.8 周期浸泡下粘结力变化规律

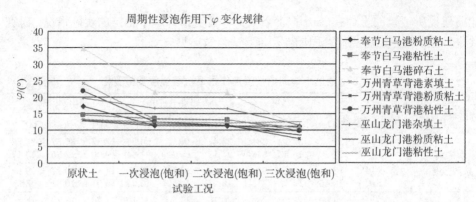

图 3.9　周期浸泡下内摩擦角 (φ) 变化规律

3.3　不同含水量土体基质吸力及抗剪强度参数变化特性

表 3.4 是三峡库区万州青草背港、巫山龙门港和奉节白马港岸坡土体在不同含水量条件下的基质吸力及抗剪强度参数试验值，可见，基质吸力随含水量增大而减小，强度参数也逐渐降低[44]。随着含水量的增加土样的内摩擦角逐渐减小，而土体的粘结力随着含水量的增加，呈现先增加后减小的非线性关系，这是由于所采土样粘土矿物含量大，在含水量增大时，其粘土矿物膨胀所产生的膨胀力致使其粘

表 3.4　不同含水量下原状土基质吸力与抗剪强度参数比较

港区/土类	土样含水量 w/%	基质吸力 S/kPa	抗剪强度参数	
			c/kPa	φ/(°)
白马港/粘性土	10	18572.5	14.6	24.1
	19.63	—	23.4	17.2
	20	1745.3	22.3	16.7
	30	69.2	10.7	12.2
	40	48.7	6.8	10.4
青草背港/粉质粘土	10	8083.7	25.9	17.3
	20	155.3	36.2	13.8
	20.88		34.3	13
	30	55.8	14.2	9.4
	40	48.3	7.6	6.4
龙门港/粉质粘土	10	11467.7	21.8	15.1
	17.38	—	36.6	12.8
	20	765.1	33.2	10.1
	30	70.7	18.7	6.8
	40	47.4	8.6	5.5

结力增大，随着含水量的继续增大，粘土矿物吸水膨胀致使微裂纹尖端压应力集中引起的压剪破坏，粘土矿物间连接结构被破坏，孔隙数量和孔径均增加，即粘结力降低[45]。存在一个特征含水量 (在 10%~20% 范围，即处于最佳含水量附近)，在该含水量附近，c 取极大值，在土体的含水量很低的试验中，初期的 c 值很低是正常的，其接近于土体饱和状态下的 c 值；基质吸力降低，而 φ 增加，由于它们的非同步性，土体的实际粘结力增加，逐渐达到峰值；最后土体的粘结力才逐渐降低。

第4章　库水位升降条件下土质岸坡渗流场变化规律

4.1　求解渗流自由面的复合单元全域迭代法

4.1.1　有限元法在求解渗流场方面的缺陷

在边坡、土坝、地下洞室及地下水运动等渗流分析中,均涉及渗流自由面问题。渗流自由面是岩体水力学研究的重点和难点之一,也是边坡稳定性综合研究的重要内容。岩体边坡中渗流自由面的确定,可以明确地下水在边坡中的赋存特性及其运动过程。有限元法、边界元法及离散元法等是求解无压渗流自由面主要的数值计算方法。

在求解渗流自由面的数值计算方法中,使用效果最好的方法当属有限元法[4],传统的有限元方法属于网络变动法,即在每次迭代以后计算网格作一次变动,节点坐标发生改变。由于渗流自由面作为渗流域的自然边界面是待定的,是一个非线性问题,因而需要迭代求解。但是,网格变动法存在着比较显著的缺陷:

(1) 当初始渗流自由面和最终渗流自由面位置相差较大时,会使计算单元发生畸变,乃至与相邻单元发生交替、重叠,以至于在计算过程中常需要对渗流域进行重新剖分计算;

(2) 当自由面附近渗流介质不均一,尤其有水平介质层时,网格变动会破坏介质分区,程序处理十分困难;

(3) 当渗流域内有结构物时,网格变动常会改变结构的边界条件,影响计算精度;

(4) 网格变动过程中,每一次迭代计算网格均要随自由面的变动而变动,总体渗透矩阵需要重新生成,需要大量机时;

(5) 在研究渗流与应力耦合作用中,由于应力分析经常包括渗流虚区,因而不能用同一网格进行耦合作用分析。

4.1.2　渗流有限元控制方程

由于渗流自由面的位置是预先未知的,属于混合边界问题,即必须同时满足 Dirichlet 边界条件 (第一类边界条件) 和 Neumann 边界条件 (第二类边界条件)。无压渗流边界条件如图 4.1。自由面是渗流实区 (或称饱和渗流区)Ω_1 与渗流虚区 (或称非饱和渗流区)Ω_2 的交界面。自由面以下节点总水头值 $H > z$；自由面以上，节点总水头值 $H < z$；Γ_5 为渗流溢出面；Γ_4 为渗流自由面 ($H = z$)。凡是被渗流自由面穿越的有限单元定义为复合单元 (composite element)(图 4.2)。

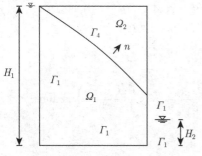

图 4.1　无压渗流边界条件

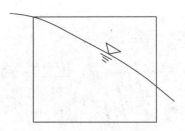

图 4.2　复合单元示意图

　　Galerkin 有限元对于平面问题多采用四节点等参元及三角形单元离散渗流域，对于三维问题多采用六面体或四面体单元离散渗流域。假定渗透介质属于均质各向异性体，则三维渗流定解问题为

$$\frac{\partial}{\partial x}\left(K_{xx}\frac{\partial H}{\partial x}\right) + \frac{\partial}{\partial y}\left(K_{yy}\frac{\partial H}{\partial y}\right) + \frac{\partial}{\partial z}\left(K_{zz}\frac{\partial H}{\partial z}\right) + \varepsilon = \mu\frac{\partial H}{\partial t}, \quad (x,y,z) \in \Omega \quad (4.1)$$

$$H\,|_{t=0} = H_0(x,y,z), \quad (x,y,z) \in \Omega \quad (4.2)$$

$$H\,|_{\Gamma_1} = \varphi(x,y,z), \quad t < 0 \quad (4.3)$$

$$\left[K_{xx}\frac{\partial H}{\partial x}n_x + K_{yy}\frac{\partial H}{\partial y}n_y + K_{zz}\frac{\partial H}{\partial z}n_z\right]\bigg|_{\Gamma_2} = q, \quad t > 0 \quad (4.4)$$

式中，Ω 为渗流域；Γ_1、Γ_2 为渗流域第一类边界；K_{xx}、K_{yy}、K_{zz} 为渗流域中 x、y、z 方向的主渗流系数；H_0 为初始时刻渗流域中的水头分布；φ 为第一边界 Γ_1 上的已知水头函数；q 为第二类边界条件 Γ_2 上侧向单宽补给流量；ε 为垂向渗流强度 ($\varepsilon > 0$ 为入渗，$\varepsilon < 0$ 为蒸发)；μ 为介质贮 (给) 水系数。

　　选择行函数 $N_L(x、y、z)(L = 1, 2, \cdots, N)$，误差函数为

$$R(x,y,z) = \frac{\partial}{\partial x}\left(K_{xx}\frac{\partial H}{\partial x}\right) + \frac{\partial}{\partial y}\left(K_{yy}\frac{\partial H}{\partial y}\right) + \frac{\partial}{\partial z}\left(K_{zz}\frac{\partial H}{\partial z}\right) + \varepsilon - \mu\frac{\partial H}{\partial t} \not\equiv 0 \quad (4.5)$$

则由 Galerkin 法得

$$\iiint_{\Omega} R(x,y,z)N_L(x,y,z)\mathrm{d}x\mathrm{d}y\mathrm{d}z$$

$$= \iiint_{\Omega}\left\{\frac{\partial}{\partial x}\left(K_{xx}\frac{\partial H}{\partial x}\right) + \frac{\partial}{\partial y}\left(K_{yy}\frac{\partial H}{\partial y}\right) + \frac{\partial}{\partial z}\left(K_{zz}\frac{\partial H}{\partial z}\right) + \varepsilon - \mu\frac{\partial H}{\partial t}\right\}$$

$$N_L(x,y,z)\mathrm{d}x\mathrm{d}y\mathrm{d}z = 0 (L = 1, 2, \cdots, N) \tag{4.6}$$

把渗流域 Ω 划分为 N 个子区 $\Omega_L(L = 1, 2, \cdots, N)$，则根据形函数之比值

$$N_L(x,y,z) = \begin{cases} 1, & \text{当}(x,y,z) \in \Omega_L \\ 0, & \text{当}(x,y,z) \in \Omega_L \end{cases} \tag{4.7}$$

并利用 Green 公式得

$$\iiint_{\Omega} \left\{ K_{xx}\frac{\partial H}{\partial x}\frac{\partial N_L}{\partial x} + K_{yy}\frac{\partial H}{\partial y}\frac{\partial N_L}{\partial y} + K_{zz}\frac{\partial H}{\partial z}\frac{\partial N_L}{\partial z} \right\}\mathrm{d}x\mathrm{d}y\mathrm{d}z$$

$$+ \iiint_{\Omega} \mu\frac{\partial H}{\partial t}N_L\mathrm{d}x\mathrm{d}y\mathrm{d}z$$

$$= \iiint_{\Omega} \varepsilon N_L\mathrm{d}x\mathrm{d}y\mathrm{d}z + \iint_{\Gamma} q(x,y,z)N_L\mathrm{d}x\mathrm{d}y \quad (L = 1, 2, \cdots, N) \tag{4.8}$$

设 Ω_L 子区间内有 m_L 个单元，则 (4.8) 式可以表示为

$$\sum_{\varepsilon}^{m_L} \iiint_{\Omega^e} \left\{ K_{xx}\frac{\partial H}{\partial x}\frac{\partial N_L^s}{\partial x} + K_{yy}\frac{\partial H}{\partial y}\frac{\partial N_L^\varepsilon}{\partial y} + K_{zz}\frac{\partial H}{\partial z}\frac{\partial N_L^\varepsilon}{\partial z} \right\}\mathrm{d}x\mathrm{d}y\mathrm{d}z +$$

$$\sum_{\varepsilon}^{m_L} \iiint_{\Omega^e} \mu\frac{\partial H}{\partial t}N_L^\varepsilon\mathrm{d}x\mathrm{d}y\mathrm{d}z$$

$$= \sum_{e}^{m_L} \iiint_{\Omega^e} \varepsilon N_L^\varepsilon\mathrm{d}x\mathrm{d}y\mathrm{d}z + \sum_{\varepsilon}^{m_L} \iint_{\Gamma_2 \cap \Gamma^e} q N_L^\varepsilon\mathrm{d}x\mathrm{d}y, \quad (L = 1, 2, \cdots, N) \tag{4.9}$$

其矩阵表达式为

$$[G]\{H\} + [S]\left\{\frac{\mathrm{d}H}{\mathrm{d}t}\right\} = \{E\} + \{B\} \tag{4.10}$$

式中, $[G]$、$[S]$— 分别为渗流域的总渗透矩阵和贮 (给) 水矩阵；$\{E\}$— 源汇项列阵；$\{B\}$— 边界列矩阵。

可见, 利用 Galerkin 法可把渗流控制方程表示为含有 N 个方程的线性代数方程组。采用不同的剖分单元, 行函数 N_L 有区别, 但对于同样一个渗流定界问题其各项系数矩阵是近似相同的, 因此, 求解出的渗流场应该是唯一的。

4.1.3　复合单元全域迭代法及其计算过程[46]

复合单元全域迭代法 (global composite element iteration, 简称 GCEI) 属于网格固定法, 是基于已有网格固定法的分析而提出的, 其本质是定义渗流自由面单元为由渗流实域与渗流虚域共同组成的复合单元, 并将复合单元的渗透系数按虚域与实域的相对比例随迭代次数进行调整。其计算的基本过程为

(1) 对渗流域进行全域剖分, 令域内所有节点的初始水头值为问题的最大第一类边界水头值$\{H_0\}$;

(2) 根据渗流分析的实际情况, 即考虑渗流分析的非均质性和各向异性特性, 基于单元划分及单元渗透矩阵形成总体渗透矩阵 $[\boldsymbol{K}]$, $[\boldsymbol{K}]$ 为 $n_{\mathrm{NN}} \times n_{\mathrm{NN}}$ 阶方阵 (n_{NN} 为渗流域剖分的节点总数), 在无源汇项的稳定渗流问题中, (4.10) 式简化为

$$[\boldsymbol{K}]\{H\} = \{0\} \tag{4.11}$$

(3) 根据组装起来的总体渗透矩阵 $[\boldsymbol{K}]$ 计算渗流域内未知水头节点的等效节点流量$\{Q_0\}$, 则总体渗透矩阵 $[\boldsymbol{K}]$ 改变为 $[\boldsymbol{K}]$, $[\boldsymbol{K}]$ 为 $(n_{\mathrm{NN}}\text{-}n_{\mathrm{NBN}}) \times (n_{\mathrm{NN}}\text{-}n_{\mathrm{NBN}})$ 阶方阵 (n_{NBN} 为第一类边界节点总数), 则方程 (4.11) 改变为

$$[\boldsymbol{K}']\{H\} = \{Q_0\} \tag{4.12}$$

列阵$\{H\}$中不包含第一类边界节点总数;

(4) 求解线性代数方程组 (4.12) 得渗流域内所有未知的水头值$\{H_i\}$(i 为计算迭代次数);

(5) 将未知水头的节点的计算值$\{H_i\}$恢复为含有第一类边界节点水头值的节点水头值矩阵$\{H_i\}$, $\{H_i\}$ 为 $n_{\mathrm{NN}} \times 1$阶列阵, 并与初始水头$\{H_0\}$进行比较

$$\left| H_j^i - H_j^0 \right| \leqslant \varepsilon_1, \quad (j = 1, 2, \cdots, n_{\mathrm{NN}}) \tag{4.13}$$

式中, i 为迭代计算次数, j 为节点号, ε_1 为同一节点两次计算的水头值的误差。

在计算精度要求较高时, 取 ε_1 为 $10^{-3} \sim 10^{-4}$, 其增加一个数量级, 则迭代次数增加约 0.5 倍。本书取为 10^{-3}。

若渗流域内节点均满足 (4.13), 则自由面迭代完成, 此时的渗流场中满足

$$|H - z| \leqslant \varepsilon_2 \tag{4.14}$$

的节点或单元边上的插值点的连线, 即为渗流自由面。

(6) 计算节点的状态识别码 $m_{\mathrm{SRC}} = H - z$, 若 $m_{\mathrm{SRC}} < 0$。表明该节点处于渗流虚区, 称为虚节点; 若 $m_{\mathrm{SRC}} > 0$, 表明该节点位于渗流实区, 称为实节点; 而若 $m_{\mathrm{SRC}} = 0$, 则表明该节点处于初始渗流自由面上。若一个单元的所有节点均为虚节点, 则该单元为虚单元; 若所有节点均为实节点, 则该单元为实单元; 当一个单元同时含有实节点和虚节点, 则称该单元为复合单元 (即为自由面单元)。按流量等效将复合单元中渗流实区渗透系数进行调整;

(7) 重新进行渗流计算, 直到满足式 (4.13) 为止。

在利用本方法进行渗流计算中, 要求根据在已知边界水头 H_1 和 H_2 连线方向估计渗流自由面的变化区域, 对该区域的单元进行加密处理, 愈密精度愈高。

4.1.4　复合单元全域迭代法的验证

为了验证复合单元全域迭代法计算结果的可靠性, 选一不透水地基上的矩形均质土坝的稳定渗流。渗流域的第一类边界条件左边为 6m, 右边为 1m, 底部不透水, 计算结果如图 4.3。其中直接消去法和甘油模型试验曲线为毛昶熙[4] 的结果, 除用本书程序进行计算以外, 也用 ADINAT 软件作了计算。由图可见, 用本书方法计算的结果与甘油模型试验成果十分接近, 而用 ADINAT 软件计算的渗流自由面是各方法计算自由面最高的, 但 4 种结果趋势很近。

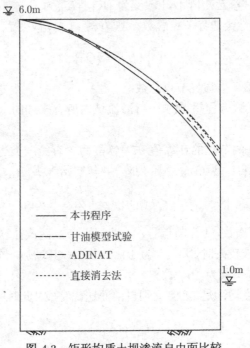

图 4.3　矩形均质土坝渗流自由面比较

从图 4.4 可以看出, 用本专著方法计算的渗流自由面, 当取误差值 $\varepsilon_1 = \varepsilon_2 = 10^{-3}$ 时, 第 5 次迭代结果便收敛了, 与第 10 次计算的结果基本一致。当在边坡中布设排水孔时, 取其组成材料为零材料 (即空心), 但考虑到形成渗流域总体渗透矩阵的一致性, 令排水结构中的节点为虚节点, 排水结构单元为虚单元, 其渗透系数取为渗流实区的 1000 倍, 之一取值也由 Peter 等的实验成果所证实。据此, 本专著的计算结果如图 4.5。由图可见, 与图 4.4 相比, 在渗流域的溢出面设置 6m 长的排水孔后, 稳定的渗流自由面出溢点下降 1.2m 左右, 但在渗流域中布设排水措施对渗流自由面的影响通常要受到渗透介质渗透特性的影响。当 $K_x > K_y$ 时, 可造成渗流自由面抬高的现象, 这与毛昶熙的研究结果是一致的; 而当 $K_x < K_y$

时，水平排水孔对降低渗流自由面的影响是显著的，即受各向异性的影响明显。同时，为了检验本书方法在计算边坡岩体中具有多层排水孔时的性态，本书实例取自Nonveiller，布设的排水孔单根长 50m，与边坡坡面垂直且水平渗透介质为均质各向同性体，结果见图 4.6，其中 Nonveiller 的结果为由差分法所求。本书计算与其吻合程度是令人满意的。利用复合单元全域迭代法求解三峡工程永久船闸边坡 (岩体等效渗透系数 $K_y = 6.0371 \times 10^{-7}$cm/s, $K_z = 5.4815 \times 10^{-6}$cm/s)，在洞室底板开挖至 170m 高程时的渗流自由面 (图 4.7)，其在船闸边坡面的出溢点高程 183m，与当时现场观测值相差仅 0.68m。

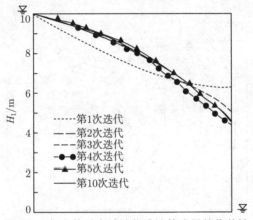

图 4.4 复合单元全域迭代法计算成果的收敛性

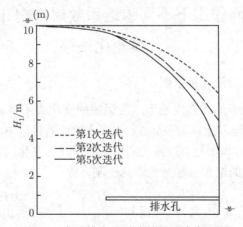

图 4.5 布设排水孔时边坡的渗流自由面

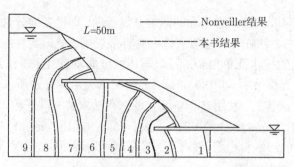

图 4.6　布设双层排水孔时边坡岩体中的渗流场

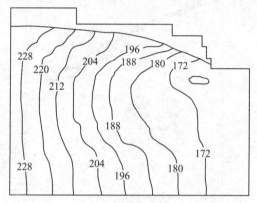

图 4.7　三峡工程永久船闸边坡岩体渗流场

4.2　库水位升降作用下不同渗透系数岸坡饱和与非饱和浸润线变化规律

4.2.1　饱和–非饱和渗流计算模型

　　库水位升降作用下岸坡体内地下水浸润线的变化属于饱和与非饱和问题，浸润线是饱和土体与非饱和土体的分界线，在库水位涨落过程中，滑体内地下水浸润线也有规律的升降，饱和土与非饱和土的作用面积随之变化，因此根据质量守恒及达西定律可得到二维的饱和与非饱和渗流控制方程：

$$\frac{\partial}{\partial x}\left(k_x\frac{\partial H}{\partial x}\right) + \frac{\partial}{\partial y}\left(k_y\frac{\partial H}{\partial y}\right) = m_w\rho_w g\frac{\partial H}{\partial t} \tag{4.15}$$

式中，k_x，k_y 为 x 及 y 方向的饱和渗透系数 (cm/s)；t 为时间 (s)；ρ 为水的密度 (kg/cm³)；g 为重力加速度 (m/s²)；$m_w = \dfrac{\partial \theta}{\partial(u_a - u_w)}$ 为土水特征曲线的斜率。

对于一个二维渗流分析模型，单元节点的厚度在整个网格中是常量，利用有限元分析方法，其方程的简介形式为

$$[K]\{H\} + [M]\{H\}, \quad t = \{Q\} \tag{4.16}$$

式中，$[K]$ 为单元特征矩阵；$[M]$ 为单元质量矩阵；$\{Q\}$ 为所用流量向量；$\{H\},t$ 为水头随时间的变化。

非饱和渗流问题的边界条件有多种形式，本书研究的问题是库水位变化引起的岸坡体内的暂态渗流场浸润线的变化情况，边界条件主要包含定水头边界及定流量边界两类。

$$水头边界， \qquad k\frac{\partial h}{\partial n}|_{\Gamma_1} = h(x, y, t) \tag{4.17}$$

$$流量边界， \qquad k\frac{\partial h}{\partial n}|_{\Gamma_2} = q(x, y, t) \tag{4.18}$$

式中，k 为渗透系数张量；n 为边界面单位法向矢量。

4.2.2 渗流计算[47]

根据三峡库区云阳县凉水井土质岸坡地勘报告，采取如图 4.8 所示的计算剖面和渗流计算模型，由于只分析库水位升降作用下不同渗透系数岸坡体渗流场和稳定性变化的共有性质，所以岸坡模型得以简化，并假定整个岸坡体及滑带为同一材料。所选岸坡坡面后缘高程约 282m，前缘高程约 110m，模型共划分 3691 个单元，3309 个节点。滑面为隔水边界即零流量边界，库水位以上为零流量边界；库水位以下为定水头边界；初始水头为 145m，做稳态渗流分析，分析结果为库水位运

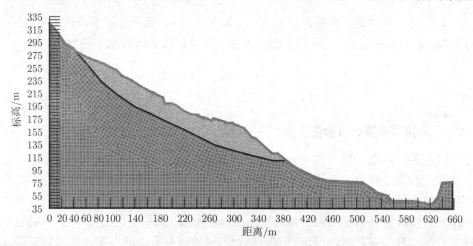

图 4.8 凉水井滑坡渗流计算模型

行中暂态分析的初始边界。计算步长在不同运行阶段均为 3600s，步数根据不同运行阶段具体时间决定。

三峡水库的周期性运营直接影响库区岸坡的渗流场变化，本书按照三峡水库蓄水后正常运营时的水位调节方案 (图 4.9)，汛期 6 月中旬至 9 月底水库水位为 145m，9 月底至 10 月底蓄水至 175m，库水位上升速率约 1.0m/d，并在该水位持续运行 180 天。则库水位上升时定水头边界水头函数为

$$H(t) = \begin{cases} 145 + t, & t \in (0 \sim 30) \\ 175, & t \in (30 \sim 210) \end{cases} \tag{4.19}$$

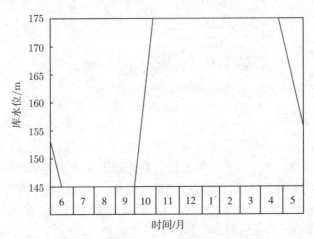

图 4.9　三峡工程正常蓄水水库调度图

5 月初至 6 月底，坝前水位从 175m 降至 145m，下降速率平均约为 0.5m/d，此后保持在 145m 水位约 90 天，则库水位下降时定水头边界水头函数为

$$H(t) = \begin{cases} 175 - 0.5(t - 210), & t \in (210 \sim 270) \\ 145, & t \in (270 \sim 360) \end{cases}$$

4.2.3　非饱和渗流计算参数

渗透系数可以表征土体导水能力，是影响库岸边坡体渗流场的主要因素，在非饱和土渗流分析中，渗透系数是孔隙水压力的函数。计算中选取代表三峡库区不同边坡土体材料 6 个数量级的饱和渗透系数 (表 4.1)，然后采用 Geostudio 软件 Seep/ W 模块提供的不同岩土体材料标准试验参数，选取对应的基本土–水特征曲线进行库水升降条件下的渗流计算，得到不同渗透系数岸坡在库水位升降时浸润线分布变化规律。

表 4.1 计算选取的岸坡体饱和渗透系数

渗透等级	强透水/(m/s)	强透水/(m/s)	中等透水/(m/s)	中等透水/(m/s)	弱透水/(m/s)	微透水/(m/s)
渗透系数	1×10^{-3}	1×10^{-4}	1×10^{-5}	1×10^{-6}	1×10^{-7}	1×10^{-8}

4.2.4 库水位升降下不同渗透系数岸坡体浸润线分布特点及对岸坡的作用效应

库水位上升时地下的水渗流特征：当渗透系数大于 1×10^{-3} m/s(即强透水性) 时 [图 4.10(a)]，岸坡体内浸润线基本与库水位同步上升；渗透系数为 1×10^{-4} m/s 时 [图 4.10(b)]，岸坡体内浸润线变化稍滞后于库水位上升，出现指向坡内的渗透压力；当渗透系数为 1×10^{-5}(即中等透水) 时，见图 4.10(c)，岸坡体内浸润线明显滞后于水位上升，岸坡体内地下水出现 "倒流" 现象，指向岸坡体内的渗透压力增大，直到库水位保持在 175m 第 150 天后，滑面处的浸润线才到达 175m；当渗透系数小于 1×10^{-6} m/s(即弱透水) 时，见图 4.10(d)，不仅库水位上升时浸润线有明显的滞后性，而且库水位持续在 175m 水位 180 天后，靠近滑面的浸润线仍存在

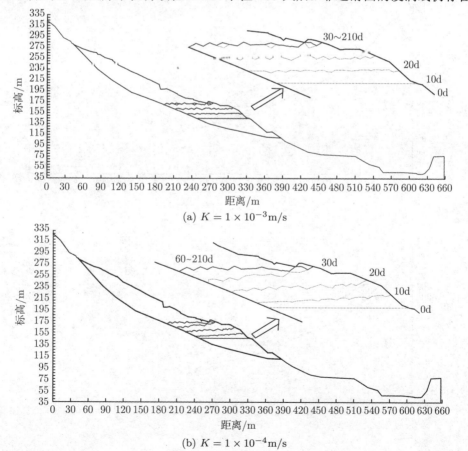

(a) $K = 1 \times 10^{-3}$ m/s

(b) $K = 1 \times 10^{-4}$ m/s

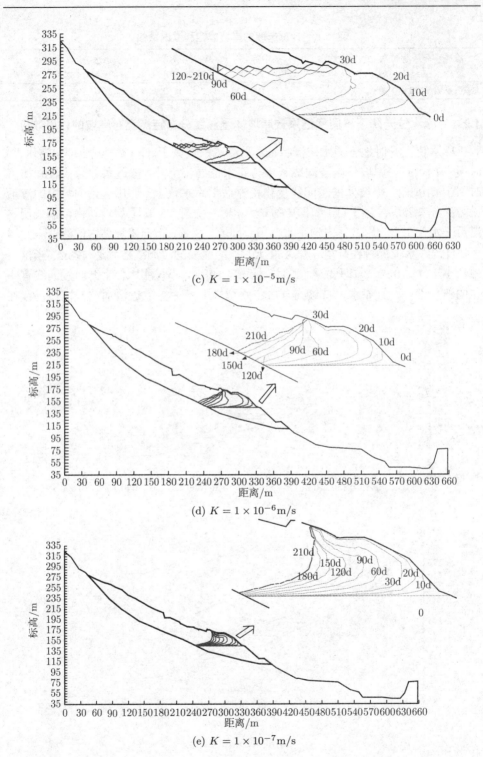

(c) $K = 1 \times 10^{-5}$m/s

(d) $K = 1 \times 10^{-6}$m/s

(e) $K = 1 \times 10^{-7}$m/s

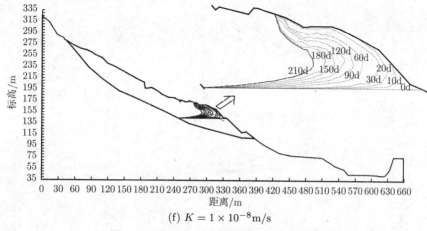

(f) $K = 1 \times 10^{-8}$m/s

图 4.10 库水位上升岸坡体地下水浸润线

滞后性, 整个过程均表现出指向岸坡体内的渗透压力。当渗透系数为 1×10^{-7}m/s 时, 见图 4.10(e), 与 1×10^{-6}m/s 基本相同, 但产生的渗透压力更大; 当渗透系数为 1×10^{-8}m/s 时, 见图 4.10(f), 渗流场方向指向坡体内部的同时, 上部渗流动水压力给坡体一个反压的作用力, 渗透压力范围和作用力更大。在库水位上升过程中, 地下水对岸坡体的浮托力始终是增大的, 但增大的速率随渗透系数减小而变缓。

库水位下降时地下水渗流特征: 当渗透系数大于 1×10^{-3}m/s(即强透水性) 时, 见图 4.11(a), 岸坡体内浸润线基本与水位同步下降; 当渗透系数为 1×10^{-4}m/s(即强透水性) 时, 见图 4.11(b), 岸坡体内浸润线下降稍滞后于库水位, 表现出指向坡外的渗透压力; 当渗透系数为 1×10^{-5}m/s(即中等透水) 时, 见图 4.11(c), 岸坡体内浸润线明显滞后于水位下降, 岸坡体内地下水补给库水, 指向岸坡体外的渗透压力增大, 直到库水位在 145m 保持 360 天后, 滑面处的浸润线也未到达 145m,

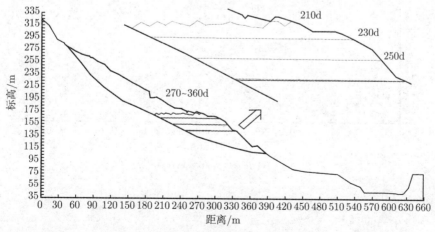

(a) $K = 1 \times 10^{-3}$m/s

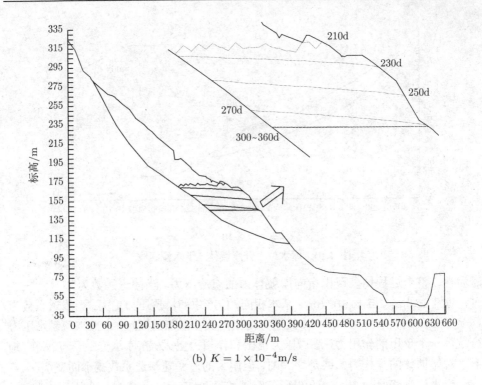

(b) $K = 1 \times 10^{-4}$m/s

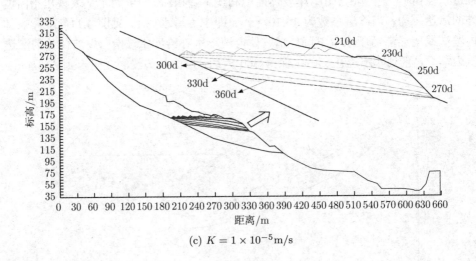

(c) $K = 1 \times 10^{-5}$m/s

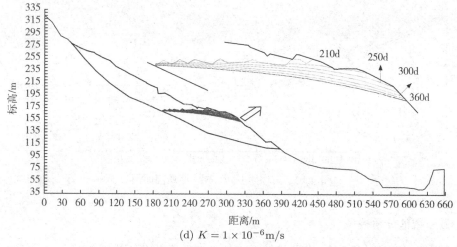

(d) $K = 1 \times 10^{-6}\mathrm{m/s}$

图 4.11 库水位下降岸坡体地下水浸润线

说明整个过程均表现出指向岸坡体外的渗透压力；当渗透系数小于 $1 \times 10^{-6}\mathrm{m/s}$ 时 [图 4.11(d)]，整条浸润线均存在明显的滞后性，整个过程不仅表现为指向岸坡体外的渗透压力，而且库水位在 145m 持续 90 天后，靠近坡面处的浸润线仍存在滞后性；当渗透系数为 $1 \times 10^{-7}\mathrm{m/s}$ 时，与 $1 \times 10^{-6}\mathrm{m/s}$ 基本相同，但产生的渗透压力更大；当渗透系数为 $1 \times 10^{-8}\mathrm{m/s}$ 时，坡体渗流场和滞后性更大，在水位下降过程中，仍有指向坡内的渗透压力，但因渗透系数较小指向坡外的渗透作用力很大。在库水位下降过程中，地下水对岸坡体的浮托力始终是减小的，但减小的速率随渗透系数减小而变缓。

由以上分析看出，在相同的入渗条件下，饱和渗透系数对岸坡体浸润线有明显的影响。库水位上升阶段，浸润线总体为上升趋势，浮托力逐渐变大，但随着岸坡体渗透系数逐渐减小，靠近滑面的浸润线向上弯曲，浮托力增大的速度变缓，指向坡内的渗压逐渐增大；库水位下降阶段，浸润线总体为下降趋势，浮托力逐渐减小，但随着岸坡体渗透系数的逐渐减小，靠近滑面的浸润线向下弯曲，浮托力减小的速度变缓，指向坡外的渗压逐渐增大。

4.3 塔坪岸坡渗流场变化特性

根据塔坪岸坡地质勘查资料，三峡水库蓄水运行前老滑坡整体稳定性较好，但浅层复活变形明显。各个滑体复活变形主要集中在中前部，具有明显的牵引复活变形特征。鉴于 FLAC3D 在模拟水位变动过程中，需要考虑时间效应，使其求解时间和单元数量存在密切关系。本专著以Ⅷ - Ⅷ′ 剖面为例，进行渗流场变化分析，计算剖面见图 4.12。

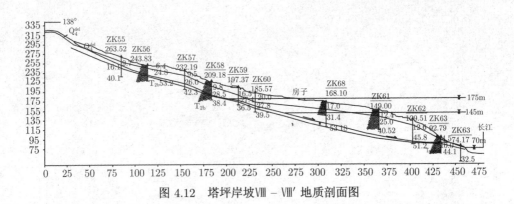

图 4.12　塔坪岸坡Ⅷ – Ⅷ′地质剖面图

4.3.1　数值分析模型

根据Ⅷ – Ⅷ′剖面地质图，按照 1:1 比例建立数值分析模型如图 4.13，模型共有 2370 个单元，5 042 个节点。其左右边界为水平约束，下边界为全约束，坡面为自由面。模拟中，鉴于基岩的渗透性较弱，认为基岩不透水。

采用重庆大学 FLAC3D 软件进行数值模拟。

4.3.2　模拟方案

根据三峡水库的运行调度方案，为研究水库运行条件下滑坡的稳定性，模拟的水位及其变动情况依次为：①145m 稳定水位；②145m 升至 175m 水位，水位上升速度为 1m/d；③175m 稳定水位；④175m 下降至 145m 水位，水位下降速度为 1m/d。滑坡体渗流场模拟渗透系数取 0.086m/d。

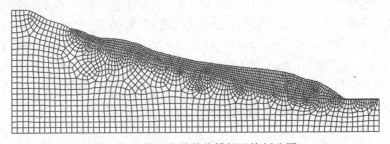

图 4.13　塔坪岸坡数值模拟网格剖分图

4.3.3　模拟结果

1. 汛期 145m 稳定水位滑坡渗流场模拟

在流体流动分析计算模式下，因为认为基岩不透水，将基岩单元设置成流体空模型，滑坡体设置成各向同性渗流模型。通过编辑命令，对滑坡体表面的节点进行自动遴选, 选出高程在 145m 以下的节点, 使用 fix pp 命令对这些结点施加固定的孔隙水压力, 直到计算达到一定的精度而收敛, 计算结果见图 4.14(后附彩图)。

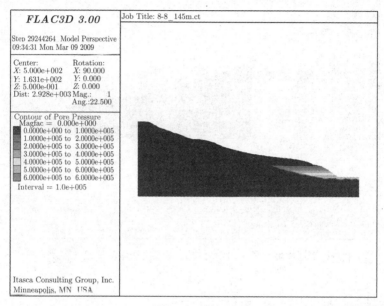

图 4.14 塔坪岸坡 145m 稳定低水位条件下滑坡渗流场 (后附彩图)

2. 蓄水期 145m 升至 175m 水位滑坡渗流场模拟

在 145m 稳定水位渗流场模拟的基础上, 编辑时间函数, 通过对节点不断的释放、施加孔隙水压力, 即采用 free pp、fix pp 命令, 采用地下水流计算事件触发器, 对节点施加一个随时间增大的孔隙水压力, 得到不同时间滑坡体的渗流场云图。如图 4.15(后附彩图) 所示为水位上升到 175m 高水位时的滑坡体渗流场云图。

为了能够直观的比较分析, 将水位上升过程中, 各水位状态下的滑坡体渗流场云图汇集到图 4.16 中。由图可以看出, 水位上升过程中, 坡体内水位出现 "倒流" 现象, 随着时间的推移, 倒流的水位高度逐渐增高。渗透压力指向坡内, 这对滑坡的稳定性有利。

3. 175m 稳定高水位条件下滑坡渗流场模拟

同汛期 145m 稳定水位滑坡渗流场的模拟方法, 编辑命令对滑坡体表面的节点进行自动遴选, 选出高程在 175m 以下的节点, 使用 fix pp 命令对这些结点施加固定的孔隙水压力, 直到计算达到一定的精度, 计算结果如图 4.17(后附彩图) 所示。

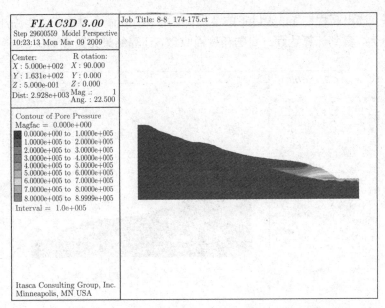

图 4.15   塔坪岸坡水位上升到 175m 高水位滑坡渗流场 (后附彩图)

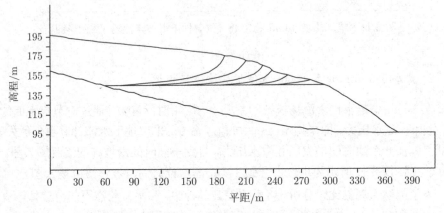

图 4.16   水位上升过程中不同时期的滑坡渗流场

4. 供水期水位由 175m 降至 145m 滑坡稳定性分析

　　同蓄水期 145m 升至 175m 水位滑坡渗流场模拟方法, 在 175m 稳定渗流场模拟的基础上, 编辑时间函数, 对节点施加一个随时间减小的孔隙水压力, 得到不同时间滑坡体的渗流场云图。如图 4.18 所示 (后附彩图) 为水位下降到 145m 低水位时的滑

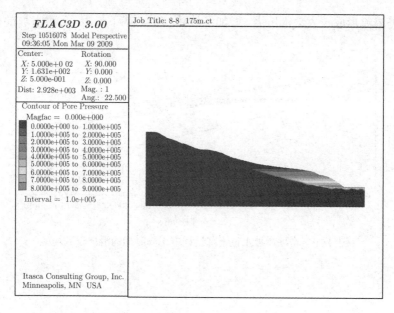

图 4.17 塔坪岸坡 175m 稳定高水位下滑坡渗流场 (后附彩图)

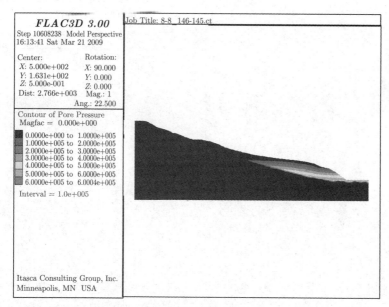

图 4.18 塔坪岸坡水位下降到 145m 低水位滑坡渗流场 (后附彩图)

坡体渗流场云图。同样, 将水位下降过程中, 各水位状态下的滑坡体渗流场云图汇集到图 4.19 中。水位下降过程中, 随着库水位的下降, 地下水出现由滑坡体内向长江的流动, 并随着时间的推移, 坡内水位与长江的水位差增大, 使得滑坡体内地下水向外渗流形成较大动水压力, 增加了坡体的重力或下滑力, 这对滑坡的稳定性不利。

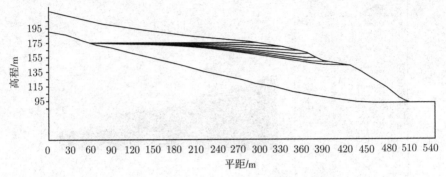

图 4.19　塔坪岸坡水位下降过程中不同时期的滑坡渗流场

第5章 浸泡-渗流耦合驱动下土质岸坡稳定性变化

5.1 岸坡稳定性分析方法

库岸滑坡与一般滑坡相比较, 有特殊性 (如复杂和受水位波动影响等) 也有共同点。因此, 在对库岸滑坡进行稳定性分析时, 通常结合库岸滑坡的特点, 采用普通滑坡稳定性计算的方法来评价其稳定程度。目前, 滑坡稳定性的计算方法可以分为 5 类: 定性分析方法、定量分析方法、非确定性分析法、物理模拟方法、现场检测方法。

(1) 定性分析法

定性分析法主要有: 自然 (成因) 历史分析法、工程地质类比法、数据库和专家系统、图解法 (诺莫图法和赤平投影图法)、SMR(边坡岩体质量的最终得分) 法等。定性分析法能综合考虑各种因素, 无需试验和计算即可对滑坡的稳定状况和未来的稳定趋势进行推测, 为滑坡的勘测、定量评价和综合治理创造条件。但是其分析结果在很大程度上取决于分析者的经验和知识, 主观性较强, 且不能给出变形、应力、安全系数等定量的评价。由于不同的工程部门具有其各自的不同特点, 在实际应用中, 定性分析有诸多不便, 因而这类方法的使用已经越来越少。

(2) 定量分析法

目前, 定量分析可以分为极限平衡分析法和数值分析法两种。

极限平衡分析法是出现最早的定量分析法, 经过近一个世纪的发展和完善, 目前在工程中的应用是最为广泛的。该方法根据边坡破坏的边界条件, 应用力学分析的方法, 对可能发生的滑动面在各种荷载条件作用下进行理论分析计算和强度力学分析。通过反复计算和分析比较, 对可能的滑动面给出稳定性系数。常用的计算方法有: Fellenius 法 (又名瑞典条分法)、Bishop 法、Jaubu 法、Morgenstern-Price 法、Spencer 法、剩余推力法、Sarma 法、楔体极限平衡分析法等[48]。后人又在此基础上进行了一系列的改进和修整, 如冯树仁等在二维极限平衡分析的基础上又提出了三维极限平衡分析法[49]; 朱大勇等给出了三维边坡稳定准严格极限平衡解答[50]。在用极限平衡分析法对库岸滑坡进行稳定性分析方面, 郑颖人等通过计算先确定坡体内的地下水浸润线 (自由面), 然后采用极限平衡法进行稳定性评价 [51]。

(3) 非确定性分析法

边坡稳定性分析是一种数据有限的问题, 并且存在着强烈的不确定性。因此, 近年来人们在前面分析方法的基础上, 又引进了一些新的学科、理论, 逐渐形成了一些非确定性的滑坡稳定性分析方法：可靠性分析法、随机过程法、模糊数学法、人工神经网络法、灰色系统理论、系统工程理论、信息论、控制理论、协同学理论、耗散结构理论以及突变理论等 [52]。近年来非确定性方法在岩土工程中的研究与应用发展很快，为边坡稳定性评价指明了一个新的方向，但是该方法的缺点是计算前所需的大量统计资料难以获取，各因素的概率模型及其数学特征等的合理选取问题还没有得到很好的解决，另外其计算通常也较一般的极限破坏方法显得困难和复杂。

（4）物理模拟法

模型试验和现场试验作为评价滑坡稳定性和认识边坡变形破坏机理的有效手段，在实际工程中经常被采用。这种方法能够密切结合具体实际工程条件，能够考虑在理论计算中难以考虑到的一些重要因素，在合理的实验技术和实验设备条件下，可以获得比较满意的结果。但是由于现场试验周期长，需要巨大的试验经费，一般只有在重大工程中使用，因而不能普及。而模型实验中的模型和原型各方面均同时满足相似条件是不可能的，再加上实验手段的有限，使得模型试验只能进行稳定性研究，尚未进入定量研究的阶段。

（5）现场检测分析法

现场检测分析法是对具体的滑坡进行观测和测量，掌握其发展变化的情况及变形机理，以便根据其现场变形情况来采取适当的防止措施。目前国内外采用的检测方法主要有：人工法、时域反射法 (TDR)、纤维–玻璃质钻孔伸长仪监测法、GPS监测法等 [53]。我国应用监测法研究库岸滑坡稳定性比较典型的有：三峡库区地石榴树包滑坡、泄滩滑坡、清江茅坪滑坡、龙羊峡近坝库岸滑坡等，都取得了比较好的监测结果 [54]。但是，进行滑坡监测稳定性分析周期长，人力、物力耗费大，因此监测法只能针对重点工程使用，普遍使用存在巨大的困难。

5.2　塔坪岸坡稳定性变化

5.2.1　塔坪岸坡简介

塔坪岸坡位于重庆市巫山县秀峰区曲尺乡，长江左岸瞿塘峡出口处。塔坪岸坡是一个老滑坡，平面形态呈圈椅型，周界明显，后缘断壁擦痕依稀可见。老滑坡南北长 1150m，东西宽 1000~1100m，面积 1.26km²，总方量约 3080 万立方米，属特大型岩质滑坡。滑坡平台发育，宏观上可见三级平台，即大五谷坪、小五谷坪和塔坪，分别为 III 级、II 级和 I 级平台。中前部滑体经过后期变形解体，形成两个滑体，即塔坪 I 号滑体 (H1) 和塔坪 II 号滑体 (H2)(图 5.1)。

岸坡区属亚热带季风性温湿气候区，四季分明，日照充足，雨量充沛，气候温和。秋夏多雨、冬春多雾。多年平均气温 18.4 ℃，最高气温 42 ℃，最低气候 −6.9 ℃；多年平均降雨量 1049.3mm，降雨多集中在 5~10 月，7~8 月多暴雨，最大日降雨量 371.3mm。

图 5.1 塔坪岸坡全貌

岸坡区地貌属构造剥蚀地貌类型。H2 滑体前缘临江岸坡坡角 17°~31°；H1 滑体前缘临江岸坡角 10°~15°，中部为斜坡，坡角 15°~30°，后缘平缓呈台阶状。坡向与岩层倾向基本一致，属顺向坡。坡体东临冬瓜沟、西临绞滩窑沟，两沟属深切沟谷，沟深 90~160m，沟壁坡度 30°~50°，横断面呈"V"形。坡体上发育有炭硐沟和沙湾子沟季节性冲沟，纵向上两冲沟在花栎湾后缘尖灭。工程地质平面图见图 5.2。

该区出露地层为三叠系中统巴东组上段 (T_{2b}) 和上统须家河组 (T_{3xj}) 以及第四系全新统 (Q_4) 堆积层。三叠系中统巴东组 (T_{2b}) 上部以紫红色粉砂质泥岩和粉砂岩为主，夹页岩或泥灰岩；中部为紫红色泥岩夹薄–中厚层状泥质灰岩；下部为灰色中厚层泥质、白云质灰岩。岸坡区后缘、前缘及坡体东侧均有出露；三叠系上统须家河组 (T_{3xj}) 上部为灰色、黄灰色厚层 - 巨厚层中细粒石英砂岩、灰绿色厚层泥岩与泥质粉砂岩不等厚互层，下部棕黄色长石石英砂岩夹炭质页岩和不规则煤层，H1 滑体砂岩出露厚度大，H2 滑体仅保留黑色炭质页岩夹煤线；第四系全新统堆积层 (Q_4) 包括滑坡堆积物 (Q_4^{del})、冲洪积层 (Q_4^{al+pl}) 及残坡积层 (Q_4^{dl+el})。

塔坪地区地下水多为基岩裂隙水，砂岩分布区裂隙发育，含一定量地下水，但水位埋深很大，在 H1 滑体东侧标高 160m 出露一常年泉水，流量约 0.15L/s；H2 滑体东侧前部斜坡见线状下降泉，流量约 0.01~0.10L/s。泥岩分布区不含地下水，仅在上部松散堆积层中含少量孔隙水，在 H2 滑体前缘剪出带标高 70m 见泉水呈股状出露，流量 1.2L/s。

临江地带即岸坡前缘地下水丰富，地下水位埋深浅，前缘钻孔水位略高于江水位，而滑体中后部地下水位埋藏深，多数钻孔为干孔。根据水文地质钻孔注水试验结果，岸坡体平均渗透系数 0.086~0.107m/d，透水性较好。

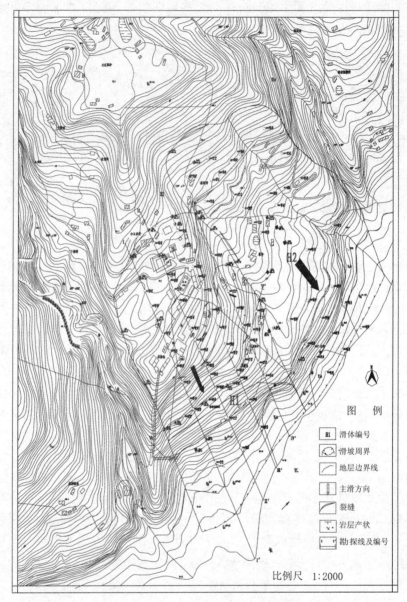

图 5.2　塔坪滑坡勘查工程地质平面图

5.2.2　蓄水前岸坡整体稳定性

进行蓄水前分析的目的在于确定模型初始位移场、初始应力场及滑体的危险区域，为进行全过程模拟及计算的基础。

(1) 计算模型

建立模型时，坐标系选取如下: X 轴指向长江下游，Y 轴指向坡内，Z 轴垂直向上。根据塔坪岸坡地质平面图，按照 1:1 建立模型如图 5.3(后附彩图)，模型宽 1500m，长 1560m，模型最大高度约 400m，共 52086 个单元，29784 个节点。模型的四周与底面均为单向约束，坡面为自由面。

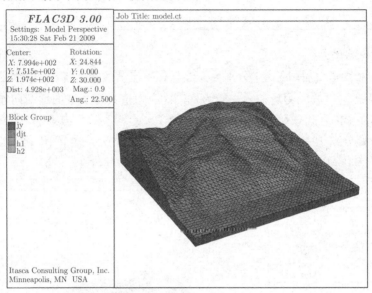

jy—基岩; djt—堆积体; h1—H1滑体; h2—H2滑体

图 5.3 塔坪岸坡计算模型 (后附彩图)

(2) 物理力学参数

根据滑体、堆积体和基岩的岩土体特性，将模型主要概化成 4 种材料。基岩采用线弹性模型，滑体和堆积体分别采用理想弹塑性模型和 Mohr-Coulomb 屈服准则。在 FLAC3D 计算中，所需物理参数有粘结力 (c)、内摩擦角 (φ)、体积模量 (K)、剪切模量 (G) 及抗拉强度 (σ_t)，其中体积模量和剪切模量根据 FLAC3D 提供的弹性力学公式换算求得

$$K = \frac{E}{3(1-2\mu)} \tag{5.1}$$

$$G = \frac{E}{2(1+\mu)} \tag{5.2}$$

式中，E 为弹性模量 (GPa)；μ 为泊松比。

物理力学参数的选取: 物理力学参数根据勘察报告综合确定，具体计算参数如表 5.1。由于构造应力在长期的地质过程中已松弛殆尽，因此，在模拟过程中不考虑水平构造应力的作用，只考虑自重应力影响。

表 5.1　塔坪岸坡岩土体物理力学参数取值

岩土体	泊松比μ	弹性模量 E/(GPa)	容重γ/(kN/m³)		粘结力 c/kPa		内摩擦角φ/(°)	
			天然	饱和	天然	饱和	天然	饱和
第四纪堆积体	0.35	0.23	2000	2090	22.6	20.5	19.9	15.5
H1 滑动面	0.35	0.23	1980	2040	18	17	28	23
H2 滑动面	0.35	0.23	1960	2020	18.5	16	20	18
基岩	0.2	10.5	2620	2630				

(3) 模拟结果分析

图 5.4 和图 5.5(后附彩图) 分别为天然状态下岸坡的应力场和位移场云图。

天然状态下岸坡应力场的分布较为均匀, 应力值具有从坡面逐渐向坡内增加的特点, 坡面形态转折或陡缓变化的部位出现了一定程度的应力集中, 拉应力集中不明显, 主要分布于 H1 滑体中部, H1 滑体和 H2 滑体交界处及 H2 滑体前缘。最大拉应力约 0.08MPa (注:"+" 为拉应力, "−" 为压应力, 下同)。

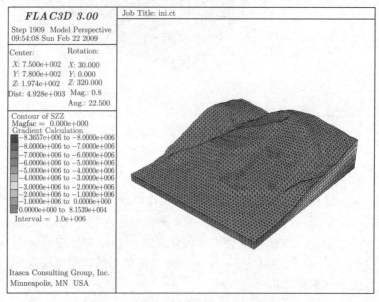

图 5.4　塔坪岸坡初始应力场 (后附彩图)

初始位移场从上而下位移逐渐减小, 竖直方向位移以下沉为主, 位移最大区域出现在 H1 滑体中部, 即岸坡体厚度较大的区域, 25~30cm。H2 滑体前缘和靠近H1 滑体的区域也有较大的位移 6~10cm(注:"+" 为上升位移, "−" 为下沉位移, 下同)。

研究结果表明, 岸坡体失稳都是沿剪应变最大的部位发生。图 5.6(后附彩图)显示剪应变增量主要集中在岸坡后缘, 两侧河沟边缘, H2 滑体前缘, H1 滑体和 H2

滑体交界处及 H1 滑体中部。岸坡体后缘和 H1 滑体中部滑坡存在一个相对贯通的剪应变增量集中带, 但其数量级相对较低。由于堆积体对后部崩滑体具有一定的压脚阻滑作用, 滑体前缘剪应变增量分布一个相对低值区。

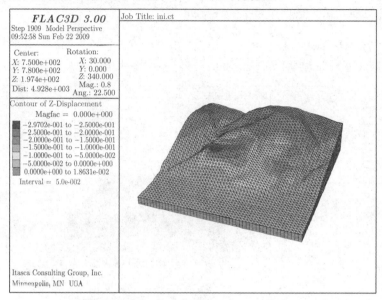

图 5.5 塔坪岸坡初始位移场 (后附彩图)

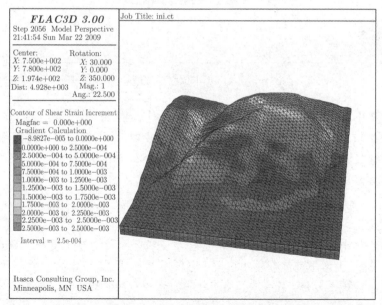

图 5.6 塔坪岸坡初始剪应变增量图 (后附彩图)

模拟结果与塔坪岸坡体实情基本一致, 塔坪古滑坡是由 H1 滑体和 H2 滑体组成的特大型滑坡, 在发生滑动后已处于稳定状态, 且由于 H2 滑体前缘的牵引效应使 H2 滑体稳定性较差。

5.2.3　稳定蓄水位下塔坪岸坡稳定性分析

图 5.7(后附彩图) 和图 5.8(后附彩图) 为三峡水库蓄水后, 塔坪岸坡在 145m 水位和 175m 水位时模型稳定流运算的结果, 图 5.7 中蓝色部分表示未淹没范围。

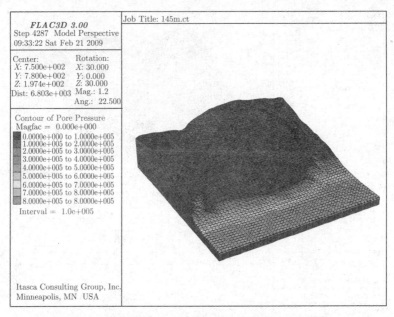

图 5.7　塔坪岸坡 145m 水位岸坡渗流场 (后附彩图)

由图 5.9(后附彩图) 和图 5.10(后附彩图) 模拟结果可知, 三峡水库蓄水后, 稳定水位下岸坡体的应力分布特征同蓄水前基本相似, 但两侧河沟沿线出现明显的拉应力, 岸坡体中前部的拉应力增大, 达到 0.4MPa, 且岸坡体前部的压应力增大, 这是由于岸坡前部被淹没后静水压力所致。

蓄水后, 被水淹没部分岸坡体垂直方向位移显著增大, 最大值分别达到 40cm、46cm, 且均出现在 H2 滑体的前缘, 见图 5.11(后附彩图) 和图 5.12(后附彩图)。水位线前缘滑体出现 "+" 位移, 即岸坡体在水位线前缘发生隆起现象, 隆起位移量达 10cm, 这是由岸坡前缘在蓄水过程中悬浮减重作用引起的。水位线以下岸坡体前缘的位移模式主要是下沉, 这是由于滑体被水浸泡后物理力学参数降低, 在静水压力作用下位移量增大。

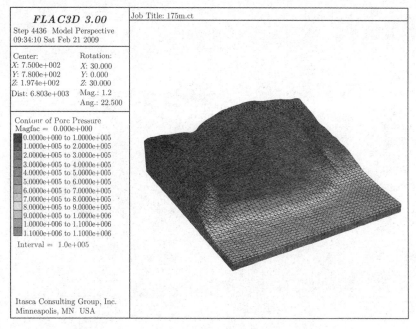

图 5.8 塔坪岸坡 175m 水位岸坡渗流场 (后附彩图)

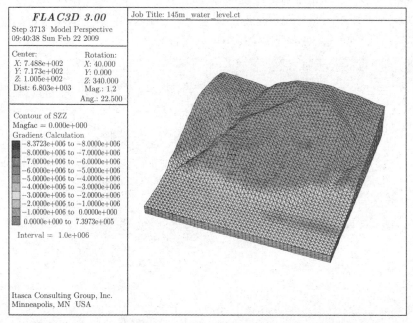

图 5.9 塔坪岸坡 145m 水位应力场 (后附彩图)

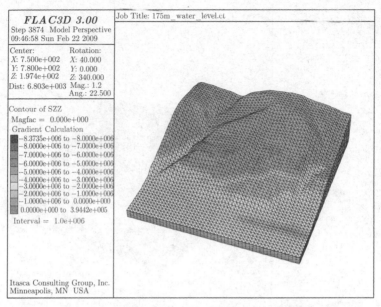

图 5.10　塔坪岸坡 175m 水位应力场 (后附彩图)

由 145m 和 175m 稳定水位下岸坡体剪应变增量分布图 (图 5.13 和图 5.14,见后附彩图) 可以看出,蓄水后被淹没部分滑体剪应变增量显著增大,尤其在蓄水到 175m 后,水位线附近滑体出现了剪应变集中带。这表明,蓄水后岸坡体水位线附近滑体稳定性降低,进而影响整个岸坡的稳定性。

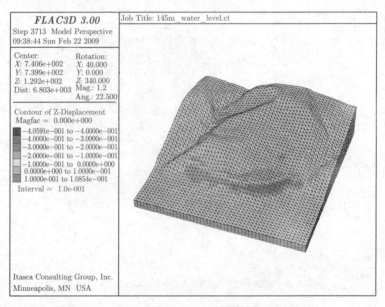

图 5.11　塔坪岸坡 145m 水位位移图 (后附彩图)

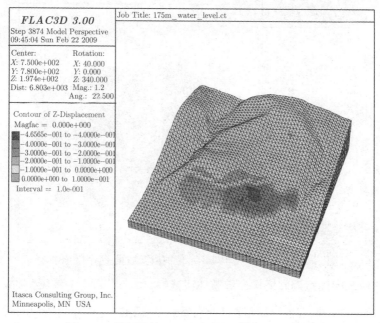

图 5.12 塔坪岸坡 175m 水位位移图 (后附彩图)

图 5.13 塔坪岸坡 145m 水位剪应变增量 (后附彩图)

图 5.14　塔坪岸坡 175m 水位剪应变增量 (后附彩图)

5.2.4　三峡水库运行期间塔坪岸坡整体稳定性

塔坪岸坡地质勘查资料显示, 目前老滑坡整体稳定性较好, 但浅层复活变形明显。各个滑体复活变形主要集中在中前部, 具有明显的牵引复活变形特征。FLAC3D 在模拟水位变动过程中, 需要考虑时间效应, 使其求解时间和单元数量存在密切关系。本项目以Ⅷ—Ⅷ′剖面为例, 进行稳定性分析, 计算剖面见图 5.15。

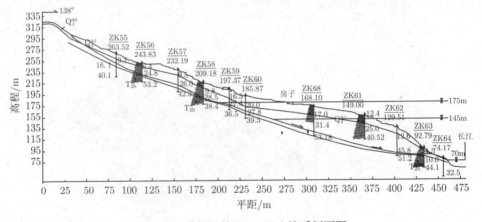

图 5.15　塔坪滑坡Ⅷ—Ⅷ′地质剖面图

1. 水位变动条件下的渗流场模拟

1) 建立模型

根据Ⅷ—Ⅷ′剖面地质图, 按照 1:1 比例建立模型如图 5.16, 模型共 2370 个单元, 5042 个节点。其左右边界为水平约束, 下边界为全约束, 坡面为自由面。模拟中，鉴于基岩的渗透性较弱，可以认为基岩不透水。

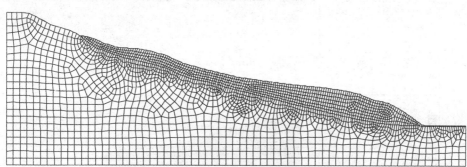

图 5.16　塔坪岸坡数值模拟网格剖分图

2) 模拟方案

为研究水库运行条件下岸坡的稳定性，根据三峡水库的运行调度方案，模拟的水位及其变动情况依次为：145m 稳定水位；145m 升至 175m 水位，水位上升速度为 1m/d；175m 稳定水位；175m 下降至 145m 水位；水位下降速度为 1m/d。研究中，岸坡体渗流场模拟渗透系数取 0.086m/d。

3) 模拟结果

(1) 汛期 145m 稳定水位岸坡渗流场模拟

在流体流动分析计算模式下，基岩不透水，将基岩单元设置成流体空模型，岸坡体设置成各向同性渗流模型。通过编辑命令，对岸坡表面的节点进行自动遴选，选出高程在 145m 以下的节点，使用 fix pp 命令对这些结点施加固定的孔隙水压力，直到计算达到一定的精度而收敛，计算结果如图 5.17 所示 (后附彩图)。

(2) 蓄水期 145 m 升至 175 m 水位岸坡渗流场模拟

在 145m 稳定水位渗流场模拟的基础上，编辑时间函数，通过对结点不断的释放、施加孔隙水压力，即采用 free pp、fix pp 命令，采用地下水流计算事件触发器，对节点施加一个随时间增大的孔隙水压力，得到不同时间岸坡体的渗流场云图 (图 5.18，后附彩图)。

由图可以看出，水位上升过程中，坡体内水位出现 "倒流" 现象，随着时间的推移，倒流的水位高度逐渐增高，渗透压力指向坡内，利于岸坡稳定。

(3) 175m 稳定高水位条件下岸坡渗流场模拟

同汛期 145m 稳定水位岸坡渗流场的模拟方法，编辑命令对岸坡体表面的节点进行自动遴选，选出高程在 175m 以下的节点，使用 fix pp 命令对这些结点施加固定的孔隙水压力，直到计算达到一定的精度，计算结果如图 5.19 所示 (后附彩图)。

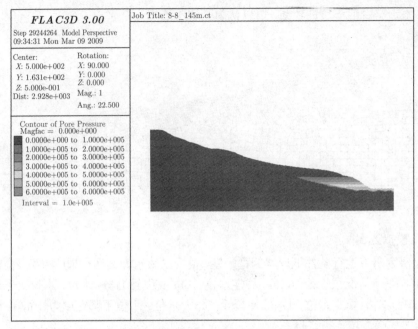

图 5.17　塔坪岸坡 145m 稳定低水位条件下岸坡渗流场 (后附彩图)

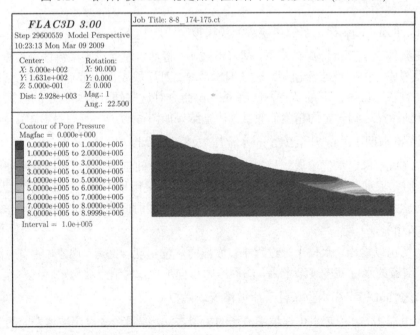

图 5.18　塔坪岸坡水位上升到 175m 高水位岸坡渗流场 (后附彩图)

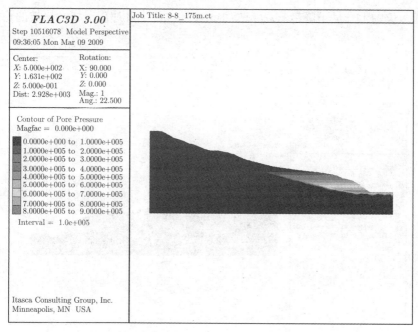

图 5.10 塔坪岸坡 175m 稳定高水位下岸坡渗流场 (后附彩图)

(4) 供水期水位由 175m 降至 145m 岸坡稳定性分析

同蓄水期 145m 升至 175m 水位岸坡渗流场模拟方法，在 175m 稳定渗流场模拟的基础上，编辑时间函数，对节点施加一个随时间减小的孔隙水压力，得到不同时间岸坡体的渗流场云图 (图 5.20，后附彩图)。

水位下降过程中，随着库水位的下降，地下水出现由岸坡体内向长江的流动，并随着时间的推移，坡内水位与长江的水位差增大，使得岸坡体内地下水向外渗流形成较大动水压力，增加了坡体的重力或下滑力，对岸坡的稳定性不利。

2. 极限平衡稳定性分析

由于老滑移面和潜在滑移面均呈折线型，稳定性计算方法采用传递系数法，计算参数见表 5.1，蓄水运行过程中，不同水位状态下岸坡体的稳定性计算结果见图 5.21 和图 5.22。图 5.17、图 5.22 的起始点分别为 145m 稳定低水位和 175m 稳定高水位状态下的滑坡稳定系数。

由图 5.21 可以看出，岸坡体在 145m 稳定低水位时，其稳定系数为 1.073，表明岸坡处于基本稳定状态；随着蓄水位的上升，岸坡的稳定性呈下降趋势，蓄水到 175m 时，其稳定系数为 1.004，表明岸坡处于欠稳定状态。水位上升过程中，虽然渗透压力指向坡内，对岸坡的稳定性有利，但被水淹没部分滑体为该岸坡的抗滑段，蓄水使其重度由天然重度变为浮重度，使岸坡的抗滑力降低，从而使岸坡的稳定性随水位的上升呈下降趋势。可见，1m/d 的水位上升速度对塔坪岸坡的稳定性不利。

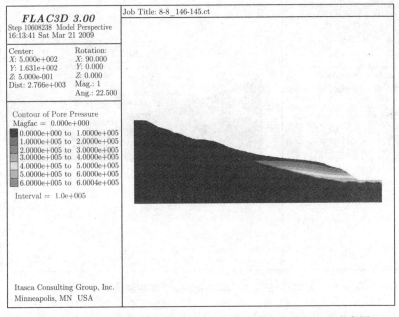

图 5.20　塔坪岸坡水位下降到 145m 低水位岸坡渗流场 (后附彩图)

由图 5.22 可以看出，岸坡体在 175m 稳定高水位时，其稳定系数为 1.077，表明岸坡处于基本稳定状态；随着蓄水位的下降，岸坡的稳定性呈下降趋势，下降到 145m 时，其稳定系数减小为 0.993，表明岸坡处于不稳定状态。水位下降过程中，岸坡体内地下水向外渗流形成较大动水压力，对岸坡的稳定性不利，且水位下降使部分滑体重度由浮重度变为天然重度，使得岸坡的下滑力增大，从而使岸坡的稳定性随水位的下降呈下降趋势。可见，1m/d 的水位下降速度对塔坪岸坡是比较危险的。

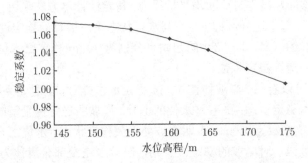

图 5.21　塔坪岸坡水位上升过程中岸坡稳定性变化曲线

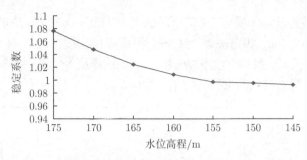

图 5.22 塔坪岸坡水位下降过程中岸坡稳定性变化曲线

综上稳定性计算,塔坪岸坡稳定性演变趋势与滑体被水淹没范围有关,到175m水位时,塔坪岸坡被水淹没的高程范围约为 0.37m,岸坡体厚度较大,水位以 1m/d 的速度上升或下降过程中,水位变动对岸坡的影响主要在岸坡体浅层,这是塔坪岸坡的稳定性呈下降型演变趋势的主要原因。

5.3 凉水井岸坡稳定性变化

5.3.1 凉水井岸坡简介

凉水井岸坡位于云阳县水让村 8 组长江右岸斜坡地带,整体平面形态呈 "U" 形,后部地形呈近似圈椅状,南高北低,中后部地形较陡,前部地形较缓,自然坡度 30°~35°(图 5.23)。岸坡前缘高程约 100m,后缘高程 319.5m,相对高差 221.5m,平面纵向长度 434m,横向 358m,面积约 11.82 万平方米,滑体平均厚度 34.5m,总体积约 407.79 万立方米。东西两部均有一冲沟,走向分别为 342° 和 351°,长分别为 250m 和 220m,从地形地貌看岸坡地处故陵向斜南翼,地形坡度及基岩倾角均较大,滑坡位于上陡下缓的凹形带。

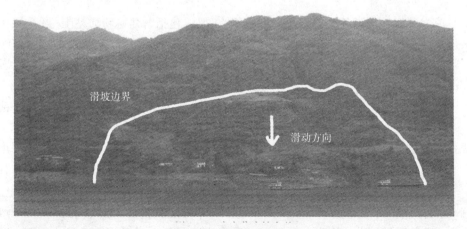

图 5.23 凉水井岸坡全貌

　　凉水井岸坡为覆盖于基岩上部的第四系滑坡堆积 (Q_4^{del})，前缘最低高程 100m，后缘最高高程 319.5m，相对高差 221.5m，平面纵向长度 434m，横向宽 358m，面积约 11.82 万平方米，滑体厚度 9.5~44.10m，平均厚度 34.5m，总体积约 407.79 万立方米。岸坡主滑方向约为北西 350°(图 5.24)。

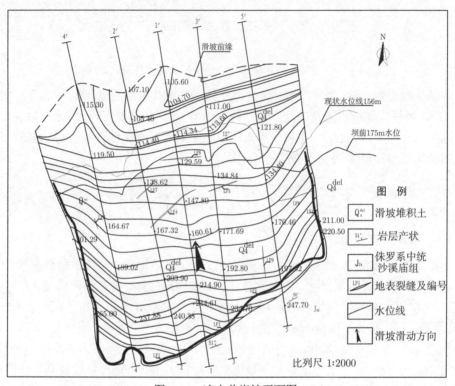

图 5.24　凉水井岸坡平面图

　　凉水井岸坡的滑体为第四纪滑坡堆积 (Q_4^{del})，包括含角砾粉质粘土，粉质粘土夹碎块石，砂、泥岩块石和粉细砂。灰褐色，湿 ~ 很湿，稍密，分布于岸坡区前缘一带，层厚 0~13m。岸坡堆积上部以含角砾粉质粘土和碎块石土为主，下部以砂岩和泥岩块石为主。

　　滑带位置为砂岩、泥岩块石与基岩的接触带。凉水井岸坡滑带为含角砾粉质粘土，粉质粘土为紫褐色 ~ 棕褐色，很湿，处于软塑 ~ 可塑状，稍有光泽，手可搓成条状；角砾直径 2~20mm，含量约 15%，滑带土厚度 3~5cm，其中粘土层厚度 1~3cm。

　　凉水井岸坡滑床为侏罗系中统沙溪庙组 (J_2s) 砂岩和泥岩互层，泥岩为紫红色，主要由粘土矿物组成，泥质结构，薄层 ~ 中厚层状构造，岩质较软，多为中风化带，强风化带较薄，约为 0.3~0.8m；砂岩为黄灰色 ~ 灰白色，主要由石英、长

石、云母等矿物成分组成,细粒结构 ～ 中粒结构,厚层状构造,岩质较硬,与泥岩
呈不等厚互层关系。该区域岩层产状为 $340°\angle45°\sim51°$,基岩面呈近似靠椅状,区
内主要发育有 2 组构造裂隙面,产状为 $295°\angle90°$ 和 $28°\angle87°$。岸坡滑床形态与其
滑面形态基本一致,后缘较陡,中部和前部逐渐变缓。

据勘察资料显示,岸坡体内的地下水赋存部位以滑坡堆积体为主,地下水类型
主要为孔隙水。岸坡中部及中后部区域地下水较贫乏,主要补给来源为大气降雨和
基岩裂隙水,前部地下水主要由长江补给,且随长江水位变化而变化。由于滑体主
要以碎裂岩体为主,裂隙及空隙发育,为强透水层,且岸坡地形较陡,因此径流和
排泄条件较好,地下水赋存条件差,地下水贫乏。

5.3.2 岸坡稳定性分析

凉水井岸坡表现为顺层推移式深层大型、复活型土质老滑坡,滑动面呈折线
形,因此采用基于极限平衡理论折线形滑动面条分法和传递系数法评价岸坡的稳
定性。

本书采用详勘报告给出的参数综合取值 (表 5.2),根据《重庆市地质灾害防治工
程勘察规范》(DB50/143-2003) 的具体要求拟定工况,渗透系数 k=1.1$\times10^{-5}$m/s,计
算浸润线 (图 5.25),并计算岸坡的稳定性系数和剩余下滑力。拟定四种计算工况:

表 5.2 凉水井岸坡滑面抗剪强度参数综合取值表

状态	重度 $\gamma/(kN/m^3)$	粘结力 c/kPa	内摩擦角 $\varphi/(°)$
天然状态	21.00	19.17	25.03
饱和状态	21.50	14.43	24.29

工况一:自重 + 地表荷载 +175m 库水位;
工况二:自重 + 地表荷载 +145m 库水位;
工况三:库水位从 175m 降至 145m;
工况四:自重 + 地表荷载 + 库水位降落 (175m 降至 145m)
研究选取了五个剖面进行计算,计算模型如图 5.26～ 图 5.30。

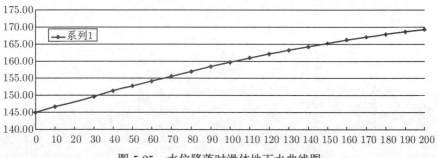

图 5.25 水位降落时滑体地下水曲线图

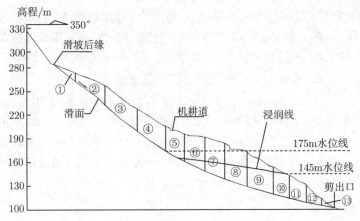

图 5.26　凉水井岸坡 1-1′ 剖面计算条块

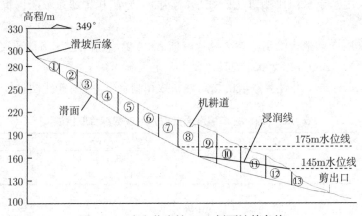

图 5.27　凉水井岸坡 2-2′ 剖面计算条块

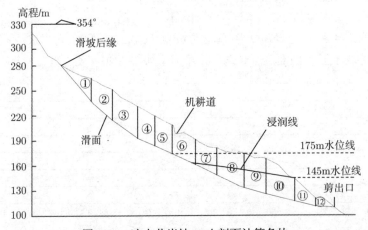

图 5.28　凉水井岸坡 3-3′ 剖面计算条块

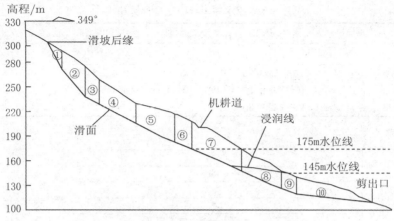

图 5.29　凉水井岸坡 4-4′ 剖面计算条块

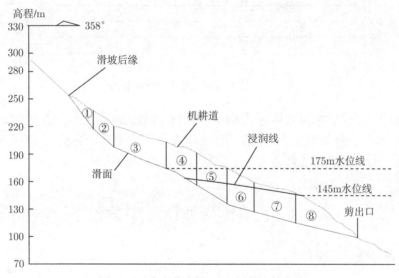

图 5.30　凉水井岸坡 5-5′ 剖面计算条块

　　根据稳定性计算结果 (表 5.3) 作出五个剖面在三种工况下的稳定性变化曲线 (图 5.31)。综合分析可知, 岸坡体在 175m 稳定高水位 (工况一) 时, 其稳定性系数为 1.006~1.002, 表明岸坡体处于欠稳定状态, 此时 1-1′ 剖面为最不稳定剖面; 在 145m 稳定低水位 (工况二) 时, 其稳定性系数为 1.002~1.018, 同样处于欠稳定状态, 并且 1-1′ 剖面为最不稳定剖面; 比较高水位和低水位的稳定性曲线发现, 当岸坡体处于低水位 (工况二) 状态下时, 其稳定性较高水位状态有明显降低。随着库水位由 175m 降到 145m(工况三), 此时 1-1′ 剖面的稳定性达到最低, 其稳定性系数最低为 0.996, 表明岸坡已经处于不稳定状态。

表 5.3　凉水井岸坡稳定性计算结果

工况	1-1′ 剖面		2-2′ 剖面		3-3′ 剖面		4-4′ 剖面		5-5′ 剖面	
	F_s	$P/(kN/m)$	F_s	$P/(kN/m)$	F_s	$P/(kN/m)$	F_s	$P/(kN/m)$	F_s	$P/(kN/m)$
1	1.006	3856.24	1.015	2889.26	1.011	3222.7	1.016	3489.57	1.02	3090.96
2	1.002	3644.56	1.009	2842.75	1.007	2994.33	1.013	3195.76	1.018	2645.47
3	0.996	4950.33	0.998	4299.30	1.003	3596.11	1.004	3760.54	1.005	3613.52

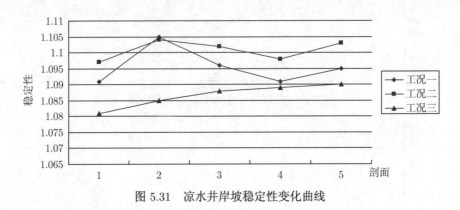

图 5.31　凉水井岸坡稳定性变化曲线

　　水位下降过程中，岸坡体地下水向外渗流形成较大动水压力，对岸坡的稳定性不利，且水位下降使部分滑体重度由浮重度变为天然重度，导致岸坡的下滑力增大，从而使岸坡的稳定性随水位的下降呈下降趋势。

5.4　白马港岸坡稳定性变化

5.4.1　白马港岸坡简介

1. 地形地貌

　　白马港岸坡位于奉节县老县城上游约 5km 处沿江大道外侧，南邻长江，地处长江北岸斜坡地带，地貌上属于构造剥蚀低山丘陵地貌，地势北高南低。港区地形由上、下游南北轴向两条冲沟、东西向两级平台及缓坡陡坡共同组成。沿江大道后山坡为陡坡，坡度约 33°；前山坡为缓坡，坡度约 15°，斜坡宽度约 200m，高程在 126~186m，高差 60m，上下宽度基本一致。港区近下部有高程为 130m 的一级平台，西宽东窄；前缘平台高程 100~120m，沿江展布。港区西侧冲沟由 NW30° 转向近南，沟底宽约 20m；东侧冲沟沟底上游窄下游宽，坡度上陡下缓，由 NW30° 转向 SW10° 直达长江 (图 5.32)。

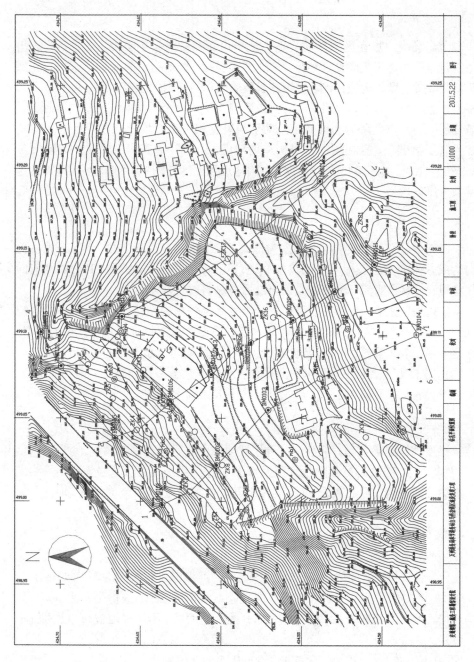

图 5.32 奉节白马港岸坡工程地质平面图

2. 地质构造

奉节白马港岸坡在区域地质构造上处于川鄂湘黔隆起褶皱带西北部, 临近川东褶皱带东缘, 处在交接复合地位, 构造形式复杂。场地构造单元位于朱衣复式倒转背斜之北翼, 受此构造控制, 次级褶皱发育, 并且外围伴生有断裂、层间错动带等构造形迹, 岩体节理、裂隙发育。据地质调绘结果, 该区内未发现断层穿越。据区域地层来看, 港区基岩为缓倾, 但勘察结果及相关资料均反应该段地层裂隙发育并且岩层很破碎, 存在层间褶皱构造地质现象, 现场调查岩层产状均为陡倾角 $165°\angle80°$、$165°\angle50°$、$340°\angle80°$。据《中国地震烈度区划图》(1990), 场地地震基本烈度属Ⅳ度区。

3. 水文地质条件

长江在港区前缘由西向东流过, 为地表、地下水的排泄基准面。港区东西两侧冲沟构成区内地表水及地下水的排泄廊道。其内部大气降水主要由其两侧冲沟向长江排泄, 一般无明流, 仅表现为大雨过后可见暂时性流水。

从揭露地层来看, 上部第四系覆盖层为透水性较弱的粘性土层, 下部为透水性较强的碎、块石层, 下伏基岩为相对隔水层。根据含水层特征和地下水赋存条件, 勘区地下水主要为孔隙水和基岩裂隙水。本次勘察期间仅东侧冲沟见暂时性流水, 其他钻孔均未发现稳定的地下水, 说明勘区地下水受季节影响较大。据初勘资料, 勘区地下、地表水质属 HCO_3-Ca.Mg 型, 对混凝土无侵蚀性。

4. 地层岩性

据地质调绘结果显示, 奉节白马港岸坡地层主要是第四系冲洪积 (Q_4^{al+pl})、残坡积 (Q_3^{el+dl}) 的碎块石层和粘性土层及填土 (Q_4^{ml}) 组成, 下伏基岩为三叠系中统巴东组第三段灰岩、泥质灰岩 (T_{2b}^3), 根据其岩性特征分为 7 个单元体, 现分述如下:

1) 第四系地层

(1) 粉质粘土 (Q_4^{al+pl})

褐色, 含云母, 呈可塑 ～ 流塑状, 该地层为河漫滩堆积及冲沟沟口堆积物。

① 填土 (Q_4^{ml}): 黄褐色粉质粘土, 混夹碎石及角砾, 碎石成份主要为灰岩, 其结构疏松, 为人工近期堆积, 由沿江大道开挖回填而成, 沿江大道展布, 七号桥附近厚度最大 (约 5m)。

② 粉土 (Q_4^{al+pl}): 褐色, 含云母, 混砂较多, 有植物根, 该地层为河漫滩堆积层。

③ 粉土混碎石 (Q_4^{al+pl}): 褐色, 稍湿状, 碎石成分为灰岩, 含量 15%~40%。该层为冲沟沟口堆积物。

④ 粉砂 Q_4^{al+pl}：褐色，含云母，少许粘性土，该层为河漫滩堆积层，零星分布。

(2) 粘性土 (Q_3^{el+dl})

褐黄色，主要为粉质粘土、粘土，混碎石及角砾，呈可塑～坚硬状，多为硬塑状。一般下部碎石含量较大，其主要成分为灰岩及泥质灰岩，棱角～次棱角状，粒径不等，最大 16cm，其重型动力触探试验平均击数 N_c=14(6～29)。

(3) 碎石土 (Q_3^{el+dl})

灰色，灰岩及泥质灰岩碎石、角砾组成，混粘性土，呈棱角～次棱角状，结构稍密。

(4) 碎石、块石土 (Q_3^{el+dl})

灰色灰岩及浅灰色泥质灰岩组成，局部少量泥灰岩，混粘性土，碎块石含量一般超过 60%，棱角～次棱角状，强～中风化，一般块径 2～5cm，最大超过 90 cm，粘性土多呈可塑状态，水浸泡后软化现象较明显。重型动力触探试验平均击数 N_c=21(9～55)。本单元勘区内均有分布，层底标高约 +95.85～+183.69m。厚度变化较大，最大厚度 30m，最薄处约 3m。

2) 三叠系中统巴东组第三段

(1) 强风化灰岩、泥质灰岩 (T_{2b}^3)：灰色灰岩、灰黄色泥质灰岩，裂隙发育，有溶蚀小洞，岩芯呈碎石状、碎块状。该层在勘区内零星分布且厚度不均。

(2) 中风化灰岩、泥质灰岩 (T_{2b}^3)：灰色灰岩、灰黄色泥质灰岩，局部夹少量泥灰岩，质硬，裂隙较发育，并有风化矿物充填，裂面有铁锰质，存在溶蚀孔洞，条状方解石脉，岩芯一般呈柱状、碎石状，岩芯采取率 50%～75%；其天然状态下单轴极限抗压强度均值为 68.5(47.0～94.0)MPa，饱和状态下单轴极限抗压强度均值为 37.1(28.3～43.9)MPa，软化系数均值为 0.56(0.47～0.74)。该层在勘区内均有分布。

5. 奉节白马港岸坡变形机制

奉节白马港岸坡的变形主要集中在岸坡的中前部崩滑区，在崩滑区前缘坡度平缓 10°～15°，后缘堆积区坡度 25°～30°，前缘堆积体对后部崩积体具有一定的压脚阻滑作用。在上述特定的地质条件下，堆积体受江水冲刷掏蚀形成边坡坍塌，减小对崩积体的阻滑作用，加之强降雨地表水大量入渗使岸坡土体孔隙水压力增大、岩土体强度降低形成牵引式变形，下伏碎裂岩体受上覆土体变形影响，沿基岩顶部软弱夹层发生蠕滑变形。

三峡工程竣工蓄水后，库区正常蓄水位标高 175m，堆积体前缘标高 120～135m，堆积体后缘标高 180～205m。85% 堆积体岸坡将被库水淹没，库水将对岸坡前缘冲刷、掏蚀、使得库岸再造形成新的有效临空面，从而严重影响白马港岸坡稳定状态。

5.4.2   库水降落期间奉节白马港岸坡整体稳定性分析

这里在库水位降落工况下，分析确定白马港岸坡的位移场、应力场及岸坡稳定系数变化趋势，对水库运行过程中，岸坡的稳定性演化规律作短期的研究分析。

建立奉节白马港岸坡模型时，坐标系选取如下，X 轴指向长江下游，Y 轴指向坡内，Z 轴垂直向上。根据建立奉节白马港岸坡地质平面图，按照 1:1 建立模型如图 5.33(后附彩图)，模型宽 300m，长 300m，模型最大高度 310m，共有 32400 个单元，18259 个节点。模型的四周均为单向约束，底面为全约束，坡面为自由面。

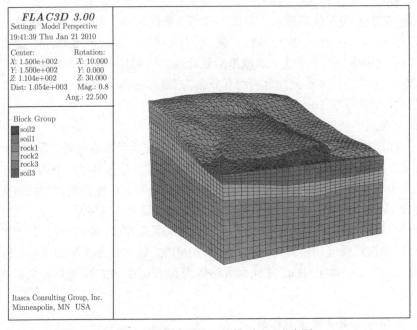

图 5.33   白马港岸坡计算模型 (后附彩图)

(1) 物理力学参数

根据堆积体和基岩的岩土体特性，将模型主要概化成 2 种材料。基岩采用 D-P 模型，堆积体采用 Mohr-Coulomb 模型。在 FLAC3D 计算中，所需物理参数有粘结力 (c)、内摩擦角 (φ)、体积模量 (K)、剪切模量 (G) 及抗拉强度 (σ_t)。其中体积模量和剪切模量根据 FLAC3D 提供的弹性力学公式换算求得

$$K = \frac{E}{3(1 - 2\mu)} \tag{5.3}$$

$$G = \frac{E}{2(1 + \mu)} \tag{5.4}$$

式中，E 为弹性模量；μ 为泊松比。

(2) 物理力学参数的选取

物理力学参数根据勘察报告综合确定，具体计算参数如表 5.4。由于构造应力在长期的地质过程中已松弛殆尽。因此，在模拟过程中不考虑水平构造应力的作用，只考虑自重应力和库水的影响。

表 5.4　岩土体物理力学参数取值

岩土体	泊松比 μ	弹性模量 E/MPa	容重 γ/(N/m^3)		粘结力 c/kPa		内摩擦角 φ/(°)	
			天然	饱和	天然	饱和	天然	饱和
粉质粘土	0.35	15	1960	2000	37	20	18.1	11.2
粘性土	0.32	20	2040	2100	20	16	20	18
强风化灰岩、泥质灰岩 T_{2b}^3	0.28	2300	2300	2380	15	12	26	23
中风化灰岩、泥质灰岩 T_{2b}^3	0.24	2400	2620	2630	21	20	37	35

5.4.3　库水降落下奉节白马港岸坡整体稳定性分析

图 5.34～ 图 5.40(后附彩图) 为三峡水库蓄水后，奉节白马港岸坡在 175m 水位降落到 145m 水位时岸坡模型稳定渗流运算的结果，图中蓝色部分表示未淹没范围。

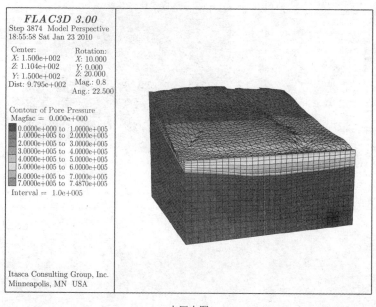

水压力图

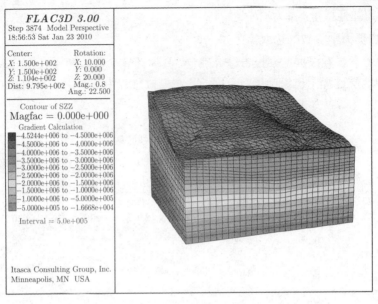

Szz 应力图

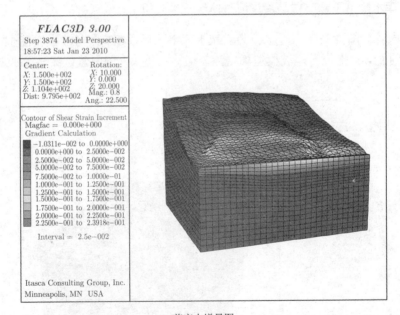

剪应力增量图

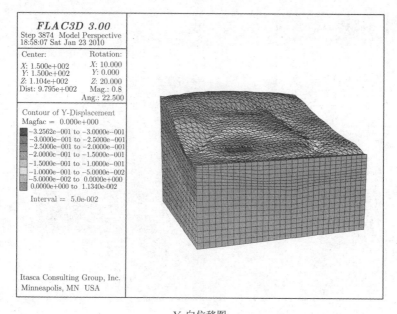

Y 向位移图

图 5.34 白马港岸坡 175m 水位岸坡的应力、位移云图 (后附彩图)

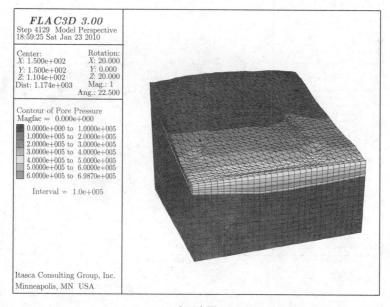

水压力图

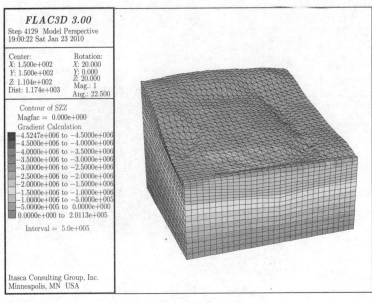

Szz 应力图

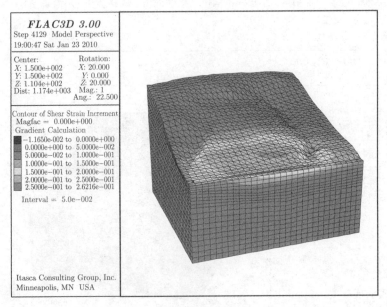

剪应力增量图

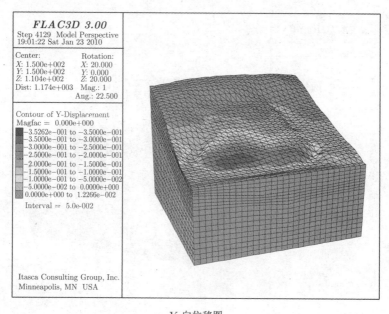

Y 向位移图

图 5.35 白马港岸坡 170m 水位岸坡的应力、位移云图 (后附彩图)

水压力图

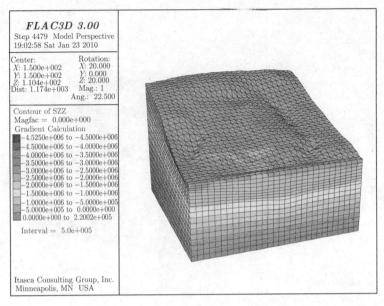

Szz 应力图

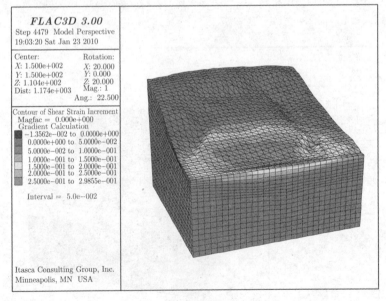

剪应力增量图

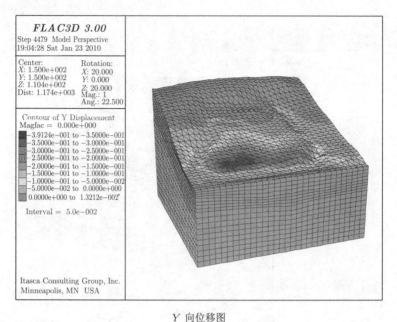

Y 向位移图

图 5.36   白马港岸坡 165m 水位岸坡的应力、位移云图 (后附彩图)

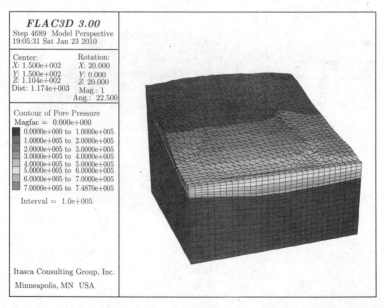

水压力图

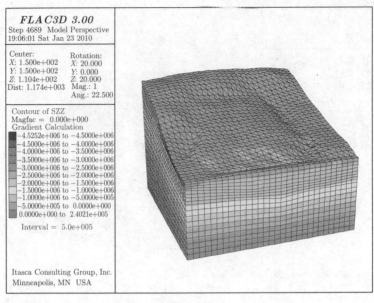

Szz 应力图

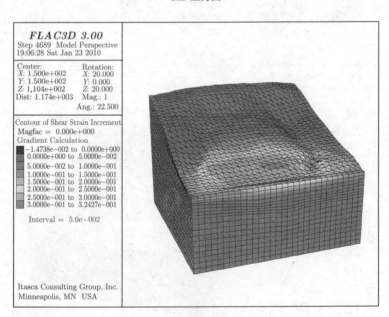

剪应力增量图

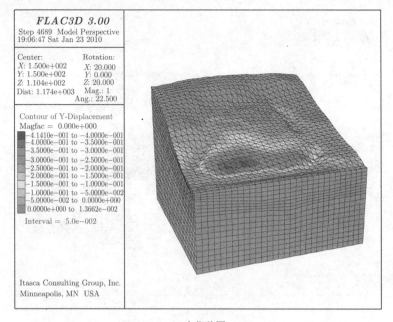

Y 向位移图

图 5.37 白马港岸坡 160m 水位岸坡的应力、位移云图 (后附彩图)

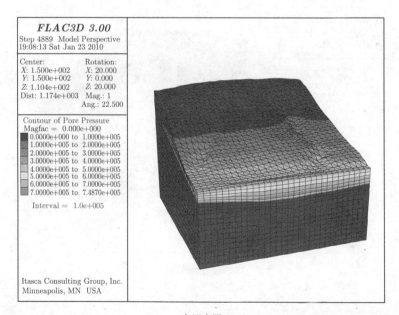

水压力图

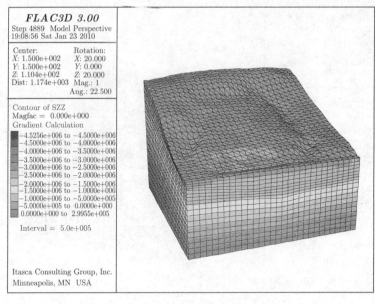

Szz 应力图

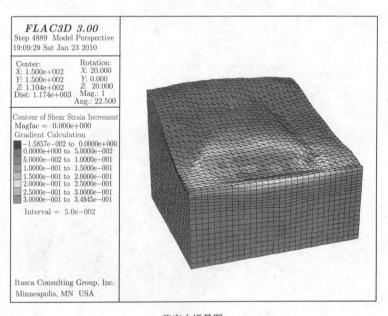

剪应力增量图

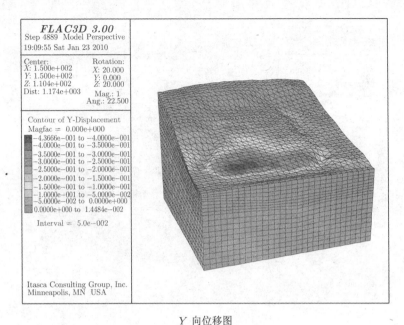

Y 向位移图

图 5.38 白马港岸坡 155m 水位岸坡的应力、位移云图 (后附彩图)

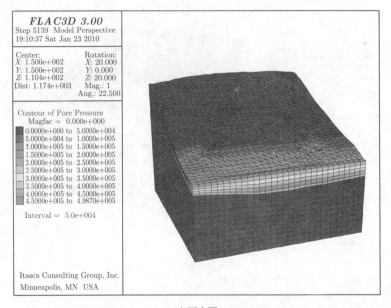

水压力图

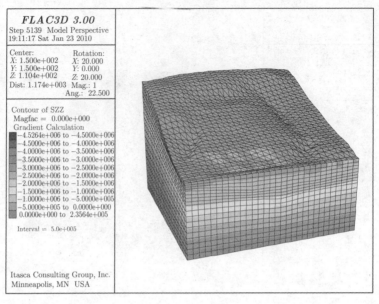

Szz 应力图

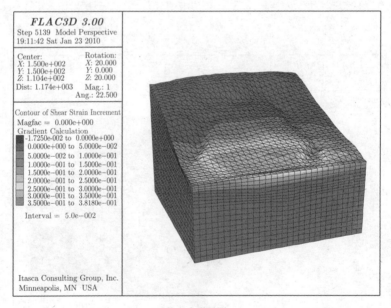

剪应力增量图

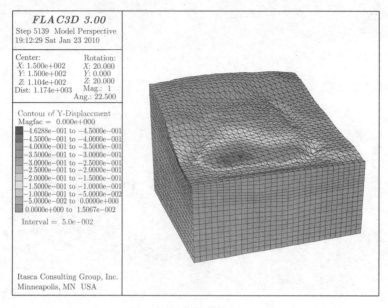

Y 向位移图

图 5.39 白马港岸坡 150m 水位岸坡的应力、位移云图 (后附彩图)

水压力图

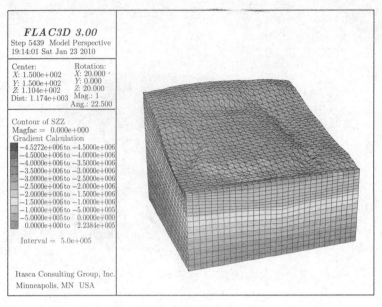

Szz 应力图

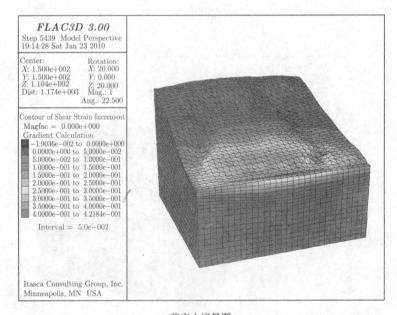

剪应力增量图

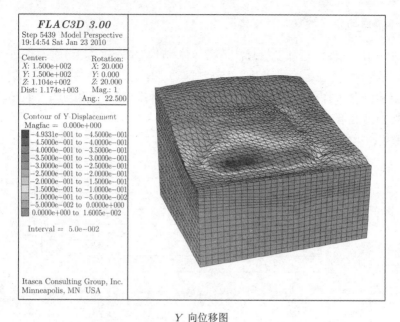

Y 向位移图

图 5.40 白马港岸坡 145m 水位岸坡的应力、位移云图 (后附彩图)

1. 模拟结果分析

图 5.34~ 图 5.40 分别为岸坡在 175m 水位到 145m 水位下的应力场、位移场及剪应力增量图。

总体上, 天然状态下岸坡最大、最小主应力场的分布较为均匀, 且随深度变化符合一般地应力场分布规律, 即以自重应力为主, 应力值具有从坡面逐渐向坡内增加的特点, 坡面形态转折或陡缓变化的部位出现了一定程度的拉应力集中, 但拉应力集中区域范围不大。

从应力图可见, 拉应力主要分布在堆积体上部, 分布较广, 主要集中在堆积体前缘和后缘的坡形转折部位, 最大拉应力为 1.5MPa; 堆积体上部的岩土体长期受到较大的拉应力作用, 在风化、降雨等应力作用下, 岩体强度参数降低, 上部岩土体向下崩落。

从位移图可见, 在库水的浸泡下, 水位以下的岩土体受库水影响发生土体软化, 材料抗剪强度参数降低, 相应的位移逐渐增大; 岸坡的位移随着库水位降落而增大, 最大位移达到 49cm。

从剪应力图可见, 随着水位下降剪应变增量显著增大, 岸坡堆积体前缘出现了剪应变集中带, 随着岸坡前缘的剪切应变增大, 进而影响整个岸坡的稳定性。由此可见, 需要对库水降落下岸坡稳定性演变规律进行研究。

2. 奉节白马港岸坡稳定性变化趋势

用 Flac3D 软件编辑强度折减法的命令流,计算库水降落工况下 (图 5.34~ 图 5.40) 白马港岸坡的稳定系数。强度折减法即边坡刚好达到临界破坏状态时,对岩土体的抗剪强度进行折减,稳定系数为岩土体的实际抗剪强度与临界破坏时折减后的抗剪强度比值。采用 Flac3D 软件对白马港岸坡在不同水位下的稳定性进行评价,结果如图 5.41。

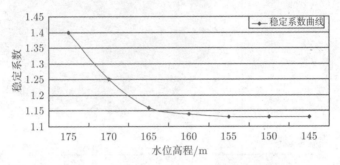

图 5.41　白马港岸坡水位下降期间稳定性变化曲线

由图 5.41 可以看出,白马港岸坡在 175m 稳定高水位时,其稳定系数为 1.41,岸坡处于稳定状态;随着水位的下降,岸坡的稳定性呈下降趋势,下降到 145m 时,其稳定系数减小为 1.13,岸坡处于基本稳定状态。分析认为,水位下降过程中,岸坡内地下水向外渗流形成较大动水压力,对岸坡的稳定性不利,且水位下降使部分滑体重度由浮重度变为天然重度,使得岸坡的下滑力增大,从而使岸坡的稳定性随水位的下降呈下降趋势。

5.4.4　奉节白马港岸坡稳定性综合评价

1. 渗流计算

根据差分法求解扩散方程原理,编译 Fortran 程序,对奉节白马港岸坡进行了库水位下降过程的稳定性分析,计算中岸坡的渗透系数为 2.07m/d,库水位降速为 1m/d,库水下降计算时间为 1 个月。可以揭示该岸坡在水库下降时的地下水位变化规律,并通过 Excel 表格后处理,如图 5.42 所示。

通过图 5.42~ 图 5.43 可见:随着离河道距离增大,地下水的下降幅度不断减小,在 160m 附近地下水的降幅为 5m;另一方面,随着离河道距离的增大,水位差的变化率不断降低,在 150m 附近地下水的变化率为零,说明库水位降速为 1m/d 降落时,影响最大范围为 150m。

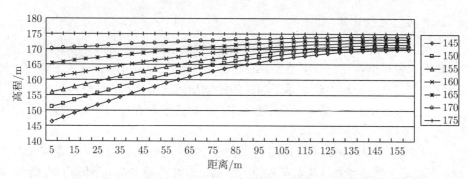

图 5.42 白马港岸坡水位下降过程中不同水位的浸润线

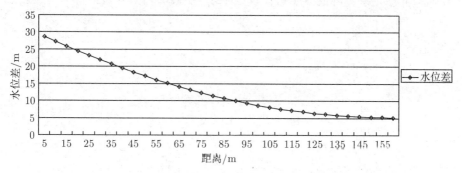

图 5.43 白马港岸坡水位下降后离河道不同距离的水位差 (1 个月)

将奉节白马港岸坡浸润线的计算结果叠加到其剖面图上，如图 5.44 所示：库水位从 175m 降落到 145m 状态时，降水 5 天、10 天、15 天、20 天、25 天和 30 天后岸坡体地下水位位置。据图 5.44 表明：库水位下降过程中，岸坡体地下水位初期阶段降幅较大，随着库水位的逐渐稳定，地下水位也逐渐稳定；另一方面，库水位的下降过程中，岸坡地下水位与河流水位的变化相比存在有一定的滞后。

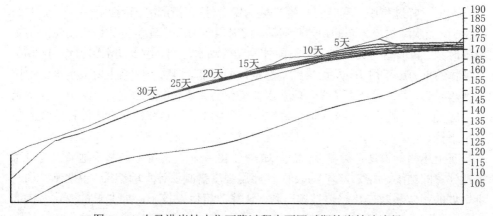

图 5.44 白马港岸坡水位下降过程中不同时期的岸坡渗流场

2. 岸坡稳定性计算

库水位下降过程中, 依据地质灾害防治工程勘察规范 (DB50/143-2003), 对奉节白马港岸坡稳定性进行计算分析 (图 5.45). 当库水位以 1m/d 速度下降时, 起初阶段奉节白马港岸坡的稳定系数随时间的增加而逐渐减少, 然后经过一段时间后 (25 天) 达到最低点, 最后又呈平稳趋势, 稳定性系数在库水下降阶段的降幅达 17.3%.

由图 5.45 可以看出, 奉节白马港岸坡在 175m 稳定高水位时, 其稳定系数为 1.38, 岸坡处于稳定状态; 随着蓄水位的下降, 岸坡的稳定性呈下降趋势, 下降到 145m 时, 其稳定系数降低为 1.14, 岸坡的稳定系数降幅为 0.24.

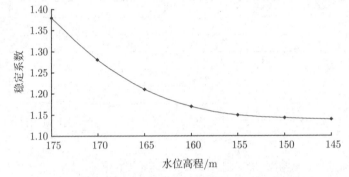

图 5.45　水位下降过程中白马港岸坡稳定性变化曲线

分析认为, 一方面, 库水位下降过程中, 岸坡体内地下水向外渗流形成较大动水压力, 且库水位变动带内岸坡重度由浮重度变为天然重度, 对岸坡的稳定性不利, 从而使岸坡的稳定性随库水位的降低呈下降趋势; 另一方面, 周期性蓄水条件下土体的抗剪强度随浸泡次数的增加不断衰减, 故岸坡的稳定性将随着周期性蓄水而发生变化.

水位下降过程中, 奉节白马港岸坡的稳定性开始阶段下降而后逐渐平稳的原因在于, 当水库水位下降的初始阶段时, 此时属于对应于江水位达到最高峰的初始消落时刻, 其水动力类型就是岸坡向外流动的动水压力, 由于动水压力作用, 增加了坡体的重力或下滑力, 从而导致了稳定性的降低. 但这一时刻主要限于水位的初始消落时刻, 随水位不断下降, 地下水位变化与库水位相比变化不大, 有一定的滞后效应, 因此, 随水位不断下降, 动水压力变化不大, 奉节白马港岸坡稳定性系数趋于平稳.

对上述两种方法计算结果比较, 如图 5.46 所示, 曲线 1 是基于地质灾害规范算法计算的结果, 曲线 2 是 Flac3D 程序用强度折减法计算的结果, 说明奉节白马港岸坡的稳定系数变化趋势基本一致, 计算数值偏差较小, 曲线 1 的变化范围为 1.38~1.14; 曲线 2 的变化范围为 1.41~1.13.

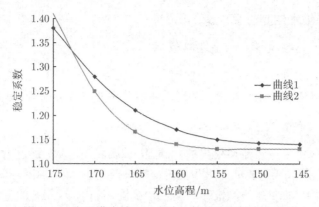

图 5.46　白马港岸坡不同方法计算的稳定性变化曲线

5.5　西沱岸坡稳定性变化

5.5.1　西沱岸坡概况

西沱岸坡距离重庆市石柱县城北约 47km，西沱变形体 4-4′ 剖面 (图 5.47)，地处三峡库区 175m 蓄水影响区。变形体中部由干基岩出露，形成基岩陡坎，将变形体截然分为三个区，即 I 区、II 区和III区。其中第 II 区处于 145~175m 水位变动带内，且变动范围超过该区变形体高度的 2/3，本书将对第 II 区变形体进行研究。已知天然状态下，变形体重度 20.7kN/m^3，潜在滑移带抗剪强度：c=15.5kPa，φ=12.5°；饱和状态下，变形体重度 20.9kN/m^3，浮重度 10.9kN/m^3，潜在滑移带抗剪强度：c=11.4kPa，φ=9.3°。

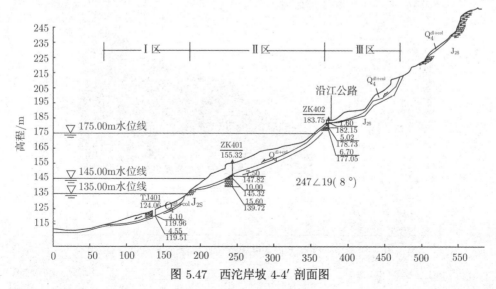

图 5.47　西沱岸坡 4-4′ 剖面图

5.5.2　西沱岸坡水位变动下的渗流场模拟

1. 汛期 145m 稳定水位渗流场模拟

在流体流动分析计算模式下，使用 fix pp 命令对这些节点施加固定的孔隙水压力，直到计算达到一定的精度而收敛，计算结果如图 5.48(后附彩图) 所示。

2. 蓄水期 145m 升至 175m 水位渗流场模拟

在 145m 稳定水位渗流场模拟的基础上，编辑时间函数，通过对结点释放、施加孔隙水压力，得到不同时间岸坡体的渗流场云图 (图 5.49，后附彩图)。由图可见，水位上升过程中，随着时间的推移，渗透压力指向坡内，对岸坡的稳定性有利。

3. 175m 稳定高水位渗流场模拟

同汛期 145m 稳定水位岸坡渗流场的模拟方法，选出高程在 175m 以下的节点，对这些结点施加固定的孔隙水压力，计算结果如图 5.50(后附彩图) 所示。

由图 5.51(后附彩图)，水位下降过程中，随着库水位的下降，地下水出现由岸坡体内流动，并随着时间的推移，坡内水位与长江的水位差增大，使得岸坡体内地下水向外渗流形成较大动水压力，增加了坡体的重力或下滑力，这对岸坡的稳定性不利。但由于岸坡体的渗透系数较小，岸坡体内渗流自由面变动主要发生在坡表面，对岸坡底面的影响不大。

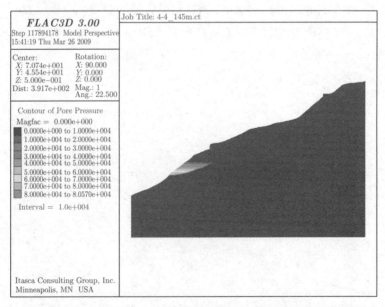

图 5.48　西沱岸坡 145m 稳定低水位条件岸坡渗流场 (后附彩图)

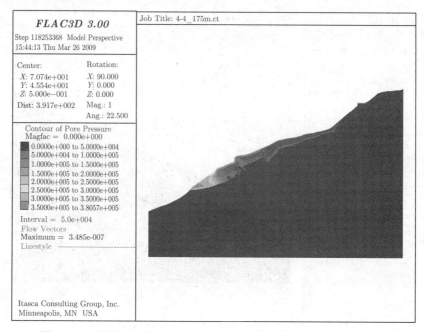

图 5.49 西沱岸坡水位上升到 175m 高水位岸坡渗流场 (后附彩图)

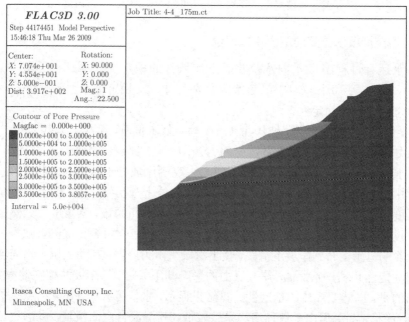

图 5.50 西沱岸坡 175m 稳定高水位岸坡渗流场 (后附彩图)

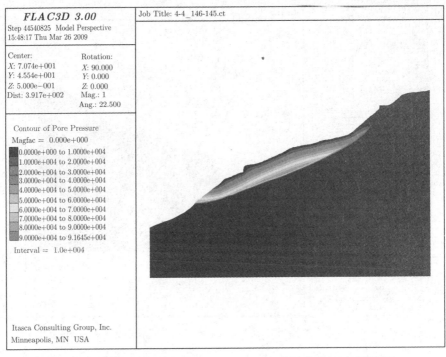

图 5.51　西沱岸坡水位下降到 145m 低水位岸坡渗流场 (后附彩图)

5.5.3　西沱岸坡水位变动下稳定性评价

库水运行过程中，不同水位状态下岸坡体的稳定性计算结果见图 5.52 和图 5.53。图 5.52、图 5.53 中的起始点分别为 145m 稳定低水位和 175m 稳定高水位状态下的岸坡稳定性。

由图 5.52 可以看出，岸坡体在 145m 稳定低水位时，其稳定系数为 1.028，表明岸坡处于欠稳定状态，随着蓄水位的上升，岸坡的稳定性演变趋势呈下降—上升型，蓄水到 175m 时，其稳定系数为 1.052，表明岸坡处于基本稳定状态。水位上升过程中，岸坡存在失稳的危险。分析认为，水位上升初始阶段，蓄水使滑动面的抗剪强度参数降低，且被水淹没部分滑体为该岸坡的抗滑段，其重度由天然重度变为浮重度，使得岸坡的抗滑力降低，从而使岸坡的稳定性降低，随着水位的上升，水位的影响范围上升到岸坡下滑段，使下滑段下滑力降低，且动水压力指向坡内对岸坡的稳定性有利，而水位对岸坡底面的影响却不大，使得岸坡的稳定性增强。需要指出的是，虽然变形体的稳定性计算结果显示，水位上升到 175m 时稳定性高于 145m 时的稳定性，但由于坡体渗透系数较低，其渗流自由面很陡，且渗透坡降很大，有可能导致不均匀沉陷，而产生裂缝滑坡。

由图 5.53 可以看出，岸坡体在 175m 稳定高水位时，其稳定系数为 1.036，表明岸坡处于欠稳定状态，随着蓄水位的下降，岸坡的稳定性呈上升趋势，下降到145m 时，其稳定系数降低为 0.975，表明岸坡已处于失稳状态。分析认为，水位下降过程中，岸坡体内地下水向外渗流形成较大动水压力，且水位变动带内滑体重度由浮重度变为天然重度，对岸坡的稳定性不利，从而使岸坡的稳定性随水位的下降呈下降趋势。由此可见，1m/d 的水位下降速度对西沱变形体是比较危险的。

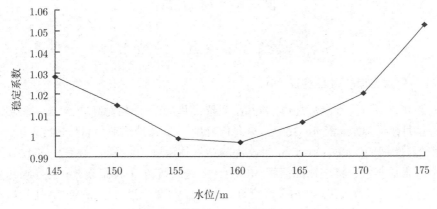

图 5.52 西沱岸坡水位上升过程中岸坡稳定性变化曲线

综上分析，岸坡的稳定性演变趋势与坡面形态有关，在坡面较平缓处，岸坡稳定系数降低较慢，在坡面较陡处，岸坡稳定系数降低幅度较大，这是动水压力的水力梯度随坡面变化导致的。

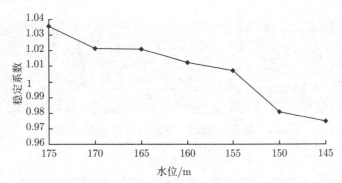

图 5.53 西沱岸坡水位下降过程中岸坡稳定性变化曲线

第6章　浸泡–渗流耦合驱动下土质岸坡破坏机制

6.1　龚家方岸坡破坏过程解译

6.1.1　龚家方岸坡破坏特征 [55]

龚家方岸坡前缘高程 145~272m，后缘高程 468m，相对高差 323m。斜坡平面形态呈月牙形，横向宽 40~160m，纵向长 169~180m，地形坡角总体较陡，可及 63°，面积 (斜面积) 约 $4.69\times10^4\text{m}^2$，潜在不稳定岩体厚度 10~26m，体积约 $8.4\times10^5\text{m}^3$，为中型岩质斜坡。斜坡顶部高程 404~446m 处发现 6 条拉张裂缝，与岸坡走向近于平行，延伸长度 39.5~70m，开度 0.1~0.7m，可见深度 2~5m。2008 年三峡水库第一次 175m 试验性蓄水期间，于 11 月 26 日发生了第一次坍塌破坏 (图 6.1，后附彩图)，体积 $2.6\times10^5\text{m}^3$。水库正式运营蓄水后，于 2011 年 9 月 29 日再次发生坍塌破坏 (图 6.2，后附彩图)，体积约 $1.2\times10^5\text{m}^3$。岸坡破坏部位如图 6.3 所示，破坏区域如图 6.4 所示。

图 6.1　龚家方岸坡第一次破坏过程 (后附彩图)

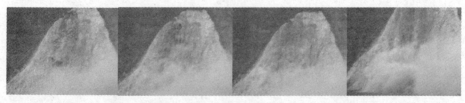

图 6.2　龚家方岸坡第二次破坏过程 (后附彩图)

图 6.3 龚家方岸坡破坏部位

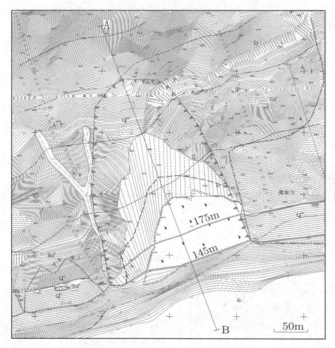

图 6.4 龚家方岸坡破坏区域平面图

6.1.2 龚家方岸坡地质结构

龚家方岸坡位于横石溪背斜近轴部及北西翼,背斜顶部及翼部均为嘉陵江组,长江两岸核部最老出露志留系,背斜顶部产状平缓,翼部变陡,北西翼倾角 17°~50°,南东翼倾角 10°~70°,背斜总体形态近似箱形 (图 6.5)。岸坡基岩主要由三叠系

下统大冶组三段 (T1d^3)、四段 (T$_1$d^4) 和嘉陵江组第一段 (T$_1$j^1) 组成，为一套滨海–浅海相碳酸盐岩与碎屑岩混相沉积层，岩性为灰岩、白云质灰岩、泥质灰岩、页岩、砂岩、硅质岩，以碳酸盐岩为主，占该区地层总厚的 90%。岩层产状 350°～353°∠44°～47°，岩体内主要发育两组结构面，即 130°～170°∠50°～70°(属于拉张裂隙)，210°～240°∠70°～85°(属于剪切裂隙)，其极点投影如图 6.6 所示。两组结构面与岩层层面相结合，坡面岩体破碎，呈碎裂散体结构 (图 6.7)，表层岩层弯曲变形明显，最大可及 1.3m(图 6.8)。岸坡破坏部位的地质结构断面如图 6.9 所示，地层以薄层灰岩、泥质灰岩和薄层泥灰岩为主，岸坡属于反向坡。

图 6.5　横石溪背斜

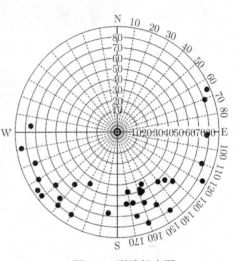

图 6.6　裂隙极点图

图 6.7　龚家方岸坡破碎岩体

图 6.8　龚家方岸坡表层岩层弯曲变形

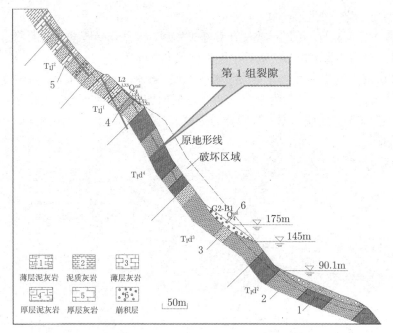

图 6.9 龚家方岸坡地质结构断面图

6.1.3 龚家方岸坡破坏机制

1. 新构造应力场控制着龚家方岸坡破坏的宏观规律

河床下切或边坡开挖，岸坡或边坡岩土体卸荷，产生拉张裂缝，劣化岸坡或边坡的安全性，这已是岩土力学界人所共识的基本问题；陈洪凯等研究表明，龚家方岸坡所在区域的新构造应力场主压应力 σ_T 方位角为 45°，两个剪切带 Max1 和 Max2 方位角分别为 5° 和 85°。岸坡区域第 1 组裂隙与 Max2 一致，第 2 组裂隙与主压应力 σ_T 方向近于垂直 (图 6.10)。从图 6.10 可见，破坏区域临空面、破坏区域后壁、斜坡顶部台阶后壁均为第 1 组裂隙面。显然，该区域岸坡强烈的卸荷作用无疑与 Max2 有关，换言之，区域新构造应力场控制着龚家方岸坡破坏的宏观规律。由于岸坡岩土体被第 1 组裂隙、第 2 组裂隙、Max1 和 Max3 剪切带裂隙、地层层面等多组结构面切割，岩体结构破碎，呈现脆裂状岩体结构 (图 6.7 和图 6.8)。此外，由于卸荷裂隙 (第 1 组裂隙) 中上部处于贯通或断续贯通状态，岸坡岩土体的稳定性态受控于中下部第 1 组裂隙未贯通段的岩土力学性能。

2. 水库蓄水浸泡卸荷裂隙未贯通段诱发龚家方岸坡突发性破坏

2008 年 10 月三峡水库第一次 175m 试验性蓄水期间，库水淹没了龚家方破坏区域卸荷裂隙 (第 1 组裂隙) 未贯通段的二分之一以上。地质勘察资料表明，浸泡区域的泥质灰岩抗剪强度参数 c、φ 值浸泡前分别为 40kPa 和 30°，浸泡后分别为 19kPa 和 21°(表 6.1)。传递系数法计算结果发现，龚家方岸坡蓄水前的稳定系数为 1.31，蓄水后劣化为 0.88，岸坡处于不稳定状态，11 月 26 日发生的第一次坍塌破坏便成为必然。有限元数值分析结果表明，水库蓄水至 175m 时岸坡内塑性区与破坏面比较吻合 (图 6.11，后附彩图)。为了验证岸坡变形破坏现象，在现场取土，进行室内模型试验，发现随着水库蓄水，岸坡变形加剧，并出现坍塌破坏 (图 6.12)，与实情相符。

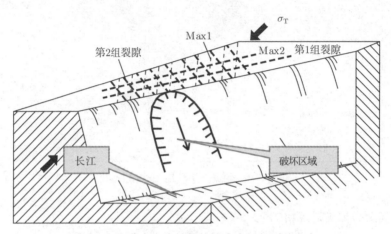

图 6.10　龚家方岸坡新构造应力场与裂隙发育

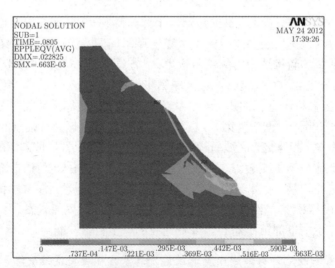

图 6.11　龚家方岸坡蓄水至 175m 水位时的塑性区 (后附彩图)

(a) 初始开裂　　　　　　(b) 出现多条拉裂缝　　　　　　(c) 坍塌破坏

图 6.12　水库蓄水诱发岸坡变形破坏室内模型实验

表 6.1　龚家方岸坡稳定性分析

计算工况	天然工况			浸泡工况		
岩土参数	容重/(kN/m³)	粘结力/kPa	内摩擦角/(°)	容重/(kN/m³)	粘结力/kPa	内摩擦角/(°)
泥质灰岩	26.1	40	30	26.6	19	21
泥灰岩夹页岩	25.4	23	24	26.0	13	15
层状灰岩	27.3	60	40	27.8	50	38
白云岩	27.5	90	47	27.9	80	43
稳定系数	1.31			0.88		

6.1.4　龚家方岸坡破坏数值仿真

针对三峡巫峡段龚家方岸坡，利用二维离散元 pfc2D 建立了滑坡的二维模型，对其运动过程进行了模拟，并在坡体表面以及滑面处设立了一系列的监测点与测量圆，监测记录该处的应力应变以及速度在滑坡滑塌过程中的变化情况，并根据监测情况分析滑坡的滑动过程及相关特征。

1. 土体颗粒连接模型简介

在 pfc 中，材料的本构特性不是事先给定的，而是通过颗粒实体接触本构模型来模拟的。每一颗粒的接触本构模型可以由三大本构模型组成：①刚度模型；②滑动模型；③粘结模型。刚度模型提供了接触力和相对位移的弹性关系；滑动模型则可通过计算剪力来判断颗粒之间是否发生相对滑动；粘结模型是在总的切向力和法向力不超过最大粘结强度范围内发生接触，包括平行粘结模型和接触粘结模型两种。

平行粘结模型认为接触发生在颗粒间圆形或着方形有限范围内，可以同时传递力以及力矩。用来模拟颗粒之间有限范围内有填充胶合材料的的本构特性。平行粘结可以想象为一组有恒定法向刚度和切向刚度的弹簧均匀分布在接触面内。

接触粘结模型可认为接触只发生在颗粒间接触点很小范围内，只能传递力，可想象为一对有恒定法向刚度和切向刚度的弹簧作用在颗粒接触点处，弹簧有一定的抗拉抗剪强度。当颗粒间相互移动导致法向力或者切向力超过对应的粘结强度，则粘结破坏。具体接触力 — 位移的关系见图 6.13。图中，F_n 表示法向接触力，$F_n > 0$ 则表示受到张拉力作用；F_{C_n} 表示颗粒接触粘结断裂的法线接触力临界值；U_n 表示相应的法向位移，$U_n > 0$ 表示发生重叠。图 6.13(b) 中 F_s 表示总的切向接触力；F_{C_s} 表示颗粒接触粘结断裂的切线接触力的临界值；U_s 表示相对于点接触位置总的切向位移量。

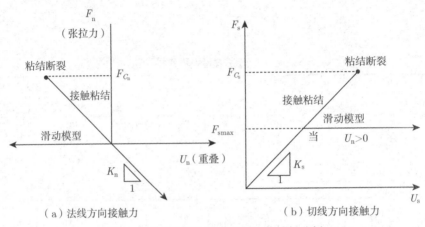

图 6.13　点接触粘结本构行为的图解分析

2. 双轴数值试验

选取龚家方岸坡数值模拟窗 (图 6.14)，相关土体物理力学参数见表 6.1。

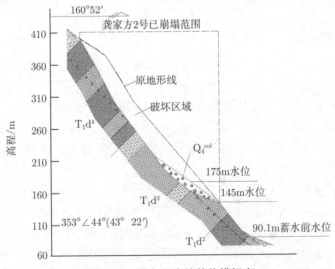

图 6.14　龚家方岸坡数值模拟窗

双轴数值试验尺寸 30m×15m(图 6.15),为了更好的模拟崩坡积层的不均匀性和各向异性,在生成数值试样时设定颗粒试样是由不同半径的颗粒单元组成。颗粒半径从 $R_{\min}$ 到 $R_{\max}$ 均匀分布。原则上颗粒半径越小,其组合体模拟效果就越好。但受到计算机运行速度的影响,颗粒数目不能太大,参照 Wang 等的方法,在主要斜坡位置采用小粒径颗粒,在其余部位采用大粒径颗粒,这样既克服了计算机容量以及速度的限制,又可满足精度要求。由于在此次模拟中主要是上部崩坡积层在库水的作用下滑动破坏,因此决定采用大颗粒模拟下伏灰岩,小颗粒模拟上覆崩坡积层,具体粒径大小见表 6.2。

Pfc2D 中颗粒与颗粒之间的参数采用软件自带的细观参数,与岩土体的宏观力学参数之间没有准确具体的换算公式,双轴数值试验可以建立细观与宏观参数之间的联系,采用赋予双轴数值试验细观参数来反向得出不同围压下岩土体的摩尔应力圆,从而反算岩土体的宏观参数,经过大量的数值试验,并与表 6.1 中参数匹配,反算出数值模拟中细观参数在表 6.2 中列出。

表 6.2 龚家方岸坡土体细观参数

名称	颗粒密度dens /(kg/m³)	粒径大小 R /m	颗粒摩擦系数 f	法向刚度 k_n /(N/m)	切向刚度 k_s /(N/m)	法向粘结力 n_bond/N	切向粘结力 s_bond/N
崩坡积层 (浸泡前)	2300	0.3~0.5	1.8	5×10^8	5×10^8	2×10^5	2×10^5
崩坡积层 (浸泡后)	2300	0.3~0.5	1.0	5×10^8	5×10^8	2×10^5	2×10^5
灰岩 (浸泡前)	2750	0.8~1.5	2.0	1×10^9	1×10^9	1×10^6	1×10^6
灰岩 (浸泡后)	2750	0.8~1.5	1.8	1×10^9	1×10^9	1×10^6	1×10^6

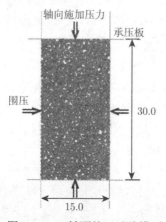

图 6.15 双轴颗粒元试验模型

根据上述参数, 模拟可得到崩坡积层 (Q_4^{col}) 在 50kPa 的围压下的全应力应变曲线和灰岩、泥灰岩在 500kPa(基岩上覆崩坡积层大约在 10~26m, 取 500kPa 与实际状态接近) 围压下的全应力应变曲线如图 6.16 所示。对应的峰值强度崩坡积层为 375kPa, 灰岩为 2.35MPa, 与室内试验吻合。

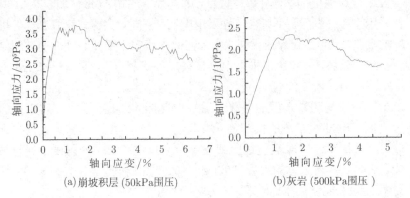

(a)崩坡积层 (50kPa围压)　　　　(b)灰岩 (500kPa围压)

图 6.16　试样应力–应变曲线 (库水浸泡前)

3. 龚家方岸坡 pfc 模型建立

利用 FISH 语言编程建立斜坡模型, 其具体步骤如下:

(1) 生成颗粒集合体

由于颗粒数目不能太大, 因此基岩及上覆破碎物采用两种不同粒径的颗粒来模拟, 首先在 223m×257m 的方形区域四周 (顶部除外) 建立刚性墙体, 内侧为激活面, 再在内部生成 0.8m< R <1.5m 的颗粒集合体, 颗粒半径均匀分布, 在自重作用下自由落体沉降, 达到平衡条件后按照图 1 中岩土分界面删除上部球体颗粒, 再次平衡集合体, 此即模拟下伏灰岩。再在该方形区域上部生成 25000 个 0.3m< R <0.5m 的颗粒, 颗粒半径均匀分布, 采用落雨法, 在自重作用下沉降达到平衡, 再按照斜坡外侧轮廓线删除上部多余的颗粒, 再次平衡, 此集合体即模拟崩坡积层。

(2) 赋予细观参数

将表 6.2 中库水浸泡前参数分别对应赋予至各颗粒集合体, 删除右侧墙体, 且补建外侧斜坡轮廓墙体, 激活面为外侧, 以免颗粒运动被刚性墙体所阻, 最终在自重作用下运行达到平衡 (图 6.17, 后附彩图)。颗粒流软件是位移分析软件, 根据此特性, 确定了细观力学下边坡达到稳定状态的判断依据, 在无明显位移的情况下, 以颗粒的平均不平衡力小于 10^{-1}N, 并且最大不平衡力/平均不平衡力小于 10 作为计算结束的标准 [8]。上述建立初始模型各阶段平衡条件均以不平衡力小于 10^{-1}N 且最大不平衡力/平均不平衡力小于 10 作为计算结束标准。

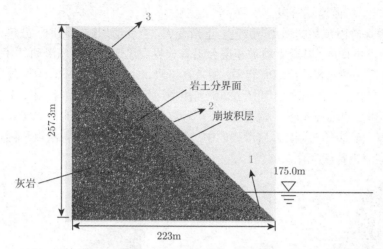

图 6.17 龚家方岸坡初始计算模型 (17772 个颗粒)(后附彩图)

4. 模拟结果分析

1) 斜坡破坏过程

首先在初始模型坡脚、坡中、坡顶以及滑面处布置 3 个测点以及 2 个测量圆,用来测量记录计算过程中这 5 个位置的应力应变情况 (图 6.17)。然后将模型 175m 水位线以下的区域按照表 2 中各岩层在库水浸泡过后的细观参数对应做出更改,接下来开始运算,运算过程中每 10 万步保存记录一次计算结果。(图 6.18,后附彩图) 为运行过程中各时步斜坡的破坏形态。

从图 6.18 中可以看出,斜坡 175m 高程以下浸水后,下伏灰岩体保持不动,只有上覆崩坡积层 (Q_4^{col}) 沿着岩土分界面向下滑动。这与实情相符。根据分界面以及坡面的倾角大小,可以大致将斜坡分为上中下三段,其中下段由于分界面即滑面的倾角最小,所以下段起抗滑作用。斜坡整个斜坡滑动破坏过程可以分为 4 个阶段。

(1) 底端变形阶段

由于库水的浸泡软化作用,抗滑段处于水位线以下的坡积层强度会逐渐降低,这就导致原本稳定的坡体内部应力重新分布,在中、上段不平衡推力的作用下,测点 1 所在的底端会逐渐变形,形成鼓包 (图 6.18),但此时斜坡整体的抗滑力仍大于它的下滑力,不会出现整体的垮塌。图 6.19(后附彩图) 和图 6.20(后附彩图) 也可以说明这一点,图 6.19 为 1、2 以及 3 号测点在运算开始后 50 万时步内竖向速度变化曲线,图 6.20 为 4、5 号测量圆在运算开始后 50 万时步内水平向应力变化曲线,从这两幅图中都可以看出,2、3 号测点的速度以及滑面处两个测量圆的应力在 1~25 万时步内变化幅度很小,即说明在坡体应力重新分布,底端变形形成鼓包且逐渐增大阶段,整个坡体仍然处于稳定状态。

(2) 上、中段垮塌阶段

随着运算时步数的增加，鼓包会逐渐变大，当变形超过上限时，鼓包会瞬间破裂，失去支撑作用，整个上覆坡积层会沿着分界面迅速向下崩塌滑动。由于坡积层的中、上段坡度较陡，会率先垮塌，覆盖在下段，使得整个上覆滑动部分呈现舌状 [见图 6.18(b)]。结合图 6.19 和图 6.20，当模型运行到 25 万时步时，中、上段的 2、3 号测点竖向速度急剧增大，滑面处 4、5 号测量圆的水平应力也急剧增加，此时即为鼓包瞬间破裂的时候，之后滑体的中、上段开始迅速崩塌，各测点和测量圆的速度以及应力也持续变化。

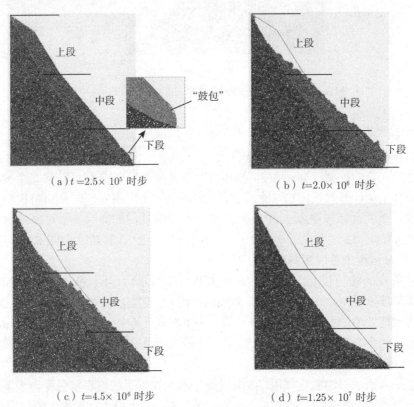

（a）$t=2.5\times 10^5$ 时步　　　　　　　　（b）$t=2.0\times 10^6$ 时步

（c）$t=4.5\times 10^6$ 时步　　　　　　　　（d）$t=1.25\times 10^7$ 时步

图 6.18　龚家方岸坡不同时步斜坡破坏形态 (后附彩图)

(3) 整体滑动阶段

中、上段坡体在垮塌覆盖在下段坡体之上后，坡体厚度增大，整体会产生滑动，但由于坡体下段倾角最小，有一定的抗滑作用，所以坡体的滑动速度会逐渐减小 [见图 6.18(c)]。

(4) 固化稳定阶段

随着整个坡体逐渐滑入库水中，以及颗粒在滑动过程中的相互摩擦造成的能量耗散, 上覆崩坡积层逐渐趋于稳定, 并在下段有一定量的残留 [见图 6.18(d)], 这与现场勘测资料相吻合。

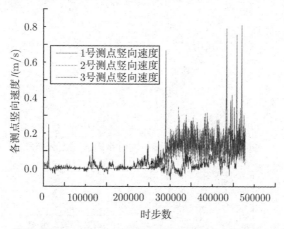

图 6.19 龚家方岸坡 5×10^5 时步内各测点竖向速度的变化 (后附彩图)

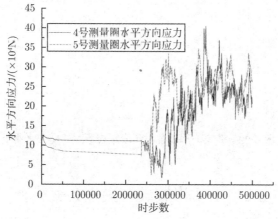

图 6.20 龚家方岸坡 5×10^5 时步内各测量圆水平方向应力变化曲线 (后附彩图)

2) 突发性特征

图 6.21 给出了代表斜坡不同破坏阶段的 4 个典型速度矢量场, 当模型运行 5×10^5 步时, 此时颗粒的速度较大, 最大值为 6.509m/s, 出现在坡体上部, 运行到 4.5×10^6 步时, 颗粒最大速度值为 3.742m/s, 较之前颗粒的最大速度值有所减小, 当模型运行到 1.25×10^7 步时, 颗粒的最大速度进一步减小, 为 2.896m/s, 当运行到 1.95×10^7 步时, 颗粒最大速度为 0.335m/s, 此时颗粒的最大速度约为 5×10^5 步时最大速度的二十分之一, 整个斜坡即将趋于稳定状态。图 6.22 给出了各时步下的颗粒最大速度值变化曲线, 整体呈现先急剧增大后缓慢减小的态势, 符合斜坡破

坏时的突发性这一特征。

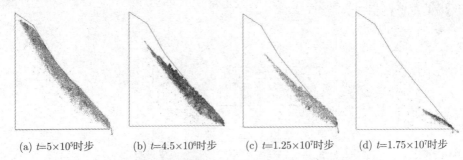

(a) $t=5\times10^5$时步　　　(b) $t=4.5\times10^6$时步　　　(c) $t=1.25\times10^7$时步　　　(d) $t=1.75\times10^7$时步

图 6.21　龚家方岸坡不同时步斜坡速度矢量场

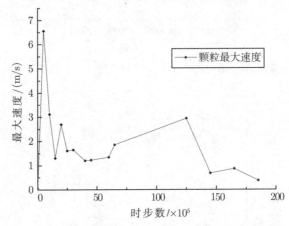

图 6.22　龚家方岸坡各时步段颗粒最大速度变化曲线

6.2　土质岸坡破坏尖点突变模型

　　三峡水库蓄水运行, 港口岸坡岩土体处于周期性浸泡状态, 水与岩土相互作用将严重劣化岩土体的物理力学性能, 体现在岩土物理力学参数劣化现象, 降低库岸边坡的稳定系数。本研究运用突变理论的尖点突变模型, 以港口岸坡为力学模型, 建立港口岸坡突变失稳模型; 基于实验对港口岸坡岩土体多次浸泡, 进行导致参数劣化的研究。通过库岸岩土介质的库水变动软化特征引入模型, 用尖点突变模型分析其失稳的力学机制。

6.2.1　岸坡破坏面本构模型

　　假定土质岸坡潜在破坏面由两部分构成 (图 6.23): ①将 145m 至 175m 间的库水位变动带的潜在破坏面视为弹性区段, 其本构关系为弹性介质; ②水位 145m 以下潜在破坏面受库水长期浸泡，受物理–化学作用，表现出应变软化特性，故将该区段本构关系设为应变软化介质。

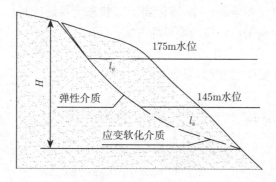

图 6.23 土质岸坡结构模型

三峡水库蓄水运行，岸坡土体处于周期性浸泡状态，水与土体相互作用将严重劣化潜在滑动面土体的物理力学性能，体现为土体物理力学参数劣化现象，库岸边坡的稳定系数降低。库岸边坡系统表现出由渐变到突变失稳的演化过程。从库岸边坡非线性特征入手，运用突变理论的尖点突变，建立水库土质岸坡突变失稳模型。

岸坡系统势能函数可表示为

$$V = f(G, u, l_e, l_s). \tag{6.1}$$

式中，V 为库岸势能函数值 (J)；G 为库岸边坡土体参数劣化过程中的剪切弹模 (MPa)；u 为潜在滑动面错动产生形变位移 (m)；l_e、l_s 为弹性介质段、应变软化介质段的长度 (m).

对该势函数求导，可以得到突变的平衡曲面方程 V'(图 6.24)。

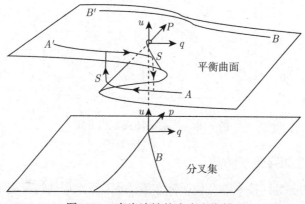

图 6.24 库岸边坡的尖点突变模型

由图 6.24 可见，库岸边坡演化过程中，随着潜在滑动面错动产生形变位移 u、剪切弹模 G 等变化，会出现如下两种情况：

第一，当系统状态沿路径 B 演化到 B'，状态变量连续变化，岸坡系统势能也连续不发生突变，属于启程缓动型破坏方式。

第二，当从 A 点出发沿 AA' 演化，系统穿越分叉集 B 时，只要控制变量有微小变化，系统就要发生突变，从折翼的下叶跃迁到折翼的上叶，表现为突发性启程剧动失稳。

岸坡破坏面本构曲线如图 6.25 所示，其本构方程为

$$\tau = \begin{cases} G_e \dfrac{u}{h}, & (u \leqslant u_1) \\ \tau_m, & (u > u_1) \end{cases} \tag{6.2}$$

式中，G_e 为剪切模量 (kPa)；u_1 为失稳点对应的剪切位移 (mm)；τ_m 为残余抗剪强度 (kPa)。

对于应变软化的介质，基于边坡非线性力学模型，简化的本构模型为滑面内剪应力 τ 和层面错动位移 u 之间的非线性函数关系。许多学者曾采用负指数模型描述介质的应变软化现象。秦四清等 [56] 提出了 Weibull 分布模型：

$$f(u) = \lambda u e^{\left(-\frac{u}{u_c}\right)} \tag{6.3}$$

式中，λ 为软化段剪切段初始刚度 (kPa)；u 为滑坡体沿滑面位移 (mm)；u_c 为峰值强度对应的位移 (mm)。

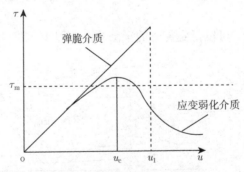

图 6.25　岸坡破坏面本构曲线

6.2.2　岸坡破坏面突变方程

潜在滑面的弹性区段大部分位于库水变动区，库水周期性浸泡下，弹性区段会发生水–岩的物理、化学作用，导致弹性区段的强度参数衰减，又称为水致软化。三峡库区砂岩岸坡在库水周期性作用下岩土体力学参数劣化，砂岩的抗剪强度随着

周期性循环浸泡的增加而降低，在水位变动周期性变化初期，岩土体受影响显著，抗剪强度参数降幅很大。之后，水位变动周期性变化对岩土体影响较小，抗剪强度参数降低缓慢。

对含有多裂纹或缺陷的坚硬岩块，其破坏前的剪切应力–位移关系一般能够被假设为线性的；破坏时，岩块被剪断，一个突变的应力将产生；岩块破裂后，内部裂缝的组合可能形成不连续面，随位移增加，应力可能慢速增长。在不连续面贯穿后，随着位移增长，应力可能快速的降低。选取开尔文模型，获取如下剪应变表达式：

$$\varepsilon = Be^{-\int_0^t \frac{G}{\eta}\mathrm{d}t} + e^{-\int_0^t \frac{G}{\eta}\mathrm{d}t}\int_0^t \frac{\tau}{2\eta}e^{\int_0^t \frac{G}{\eta}\mathrm{d}t}\mathrm{d}t = Be^{-\frac{G}{\eta}t} + \frac{\tau}{2G} \tag{6.4}$$

式中，B 为待定系数；G 为剪切模量 (kPa)；η 为粘性系数；t 为时间。

移项整理可得

$$\tau = G(\varepsilon - Be^{-\int_0^t \frac{G}{\eta}\mathrm{d}t}) \tag{6.5}$$

将式 (6.5) 转化为荷载–位移关系，考虑弹性区段的软化效应，将式 (6.4) 代入式 (6.5) 得

$$R = G_0g(N)(u - Be^{-\int_0^t \frac{G}{\eta}\mathrm{d}t}) \tag{6.6}$$

式中，R 为剪力 (kPa)；u 为位移 (mm)。

初始条件：当 $t=0$ 时，代入式 (6.3) 得到剪切段的应力：

$$f[u(0)] = \lambda u(0)e^{\left(-\frac{u(0)}{u_c}\right)} \tag{6.7}$$

如图 6.23 所示，斜面上的分量组成平衡力：

$$R(0) = mg\sin\alpha - f[u(0)] \tag{6.8}$$

而当 $t=0$，式 (6.9) 为

$$R(0) = G_0g(N)[u(0) - B] \tag{6.9}$$

联立式 (6.7)~ 式 (6.9)，可以求解出 B：

$$B = u(0) - \frac{mg\sin\alpha - \lambda u(0)e^{\left(-\frac{u(0)}{u_c}\right)}}{G_0g(N)} \tag{6.10}$$

水的势能，水在边坡的渗流中产生渗流压力，渗透压力作的功转化为流体的动能。

根据达西定理：

$$\left. \begin{array}{l} v = kJ = k\dfrac{\Delta h}{\Delta l} \\[2mm] W_w = \dfrac{1}{2}m_w v^2 = \dfrac{1}{2}m_w\left(k\dfrac{\Delta h}{\Delta l}\right)^2 \end{array} \right\} \tag{6.11}$$

式中，v 为渗流速度 (m/s)；m_w 为水的重量 (kN)；J 为水力坡降；Δh 为浸润线上两点间的垂直距离 (m)；Δl 为浸润线上两点间的水平距离 (m)。

系统的总势能：对滑坡体可以考虑为平面问题，取单位宽度进行分析，则整体系统的总势能为

$$E = \int_0^u [Rl_e + f(u)l_s]\mathrm{d}u - mgu\sin\alpha - \frac{1}{2}m_w\left(k\frac{\Delta h}{\Delta l}\right)^2 \tag{6.12}$$

求系统最小势能，对 E 求导数，得平衡曲面方程：

$$\frac{\mathrm{d}E}{\mathrm{d}u} = Rl_e + f(u)l_s - mg\sin\alpha = 0 \tag{6.13}$$

根据平衡曲面的光滑性质，在尖点处有

$$\frac{\mathrm{d}^3E}{\mathrm{d}u^3} = l_e\frac{\mathrm{d}^2R}{\mathrm{d}u^2} + l_s\frac{\mathrm{d}^2f(u)}{\mathrm{d}u^2} \tag{6.14}$$

将式 (6.6) 求两次导数：

$$\frac{\mathrm{d}^2R}{\mathrm{d}u^2} = 0 \tag{6.15}$$

对 $f(u) = \lambda u e^{\left(-\frac{u}{u_c}\right)}$ 求两次导数：

$$\frac{\mathrm{d}^2f(u)}{\mathrm{d}u^2} = l_s\lambda e^{\left(-\frac{u}{u_c}\right)}\left[\frac{u}{u_c^2} - \frac{2}{u_c}\right] \tag{6.16}$$

将式 (6.15)，式 (6.16) 代入 (6.14) 可得

$$\frac{\mathrm{d}^3E}{\mathrm{d}u^3} = \frac{l_s\lambda e^{\left(-\frac{u}{u_c}\right)}(u - 2u_c)}{u_c^2} \tag{6.17}$$

于是，在尖点有 $u = 2u_c$。

将平衡曲面方程在尖点处 $u = 2u_c$，用泰勒公式展开，可得

$$f(u) = f(2u_c) + f'(2u_c)(u - 2u_c) + \frac{f''(2u_c)(u - 2u_c)^2}{2!} + \frac{f'''(2u_c)(u - 2u_c)^3}{3!} \tag{6.18}$$

将式 (6.13) 代入式 (6.18) 可得

$$\begin{aligned}
f(u) =& l_e G_0 g(N)\left(2u_c - Be^{\frac{G}{\eta}t}\right) + l_s f(2u_c) - mg\sin\alpha \\
& + [l_e G_0 g(N) - l_s\lambda e^{-2}](u - 2u_c) + \frac{l_s\lambda e^{-2}}{6u_c^2}(u - 2u_c)^3 \\
=& 0
\end{aligned} \tag{6.19}$$

整理式 (6.19) 为

$$M + N(u - 2u_c) + O(u - 2u_c)^3 = 0 \tag{6.20}$$

式中，
$$M = l_{\text{e}}G_0 g(N)\left(2u_{\text{c}} - Be^{\frac{G}{\eta}t}\right) + l_{\text{s}}f(2u_{\text{c}}) - mg\sin\alpha \left.\vphantom{\begin{array}{c}\\\\\end{array}}\right\}$$
$$N = l_{\text{s}}G_0 g(N) - l_{\text{s}}\lambda e^{-2}, O = \frac{l_{\text{s}}\lambda e^{-2}}{6u_{\text{c}}^2}$$

应用无量纲的状态变量 $x = \dfrac{u - 2u_{\text{c}}}{2u_{\text{c}}}$ 代入式 (6.20)，将尖点的平衡曲面方程 $x^3 + px + q = 0$ 整理为

$$M{:}x^3 + \frac{N}{O(2u_{\text{c}})^2}x + \frac{M}{O(2u_{\text{c}})^3} = 0 \tag{6.21}$$

式中，

$$p = \frac{N}{O(2u_{\text{c}})^2} = \frac{3}{2}\left(\frac{G_0 g(N)l_{\text{e}}}{\lambda l_{\text{s}}e^{-2}} - 1\right) \tag{6.22}$$

$$q = \frac{M}{O(2u_{\text{c}})^3} = \frac{3\left[G_0 g(N)l_{\text{e}}\left(2u_{\text{c}} - Be^{-\int\frac{G}{\eta}dt}\right) + 2\lambda l_{\text{s}}e^{-2}u_{\text{c}} - mg\sin\alpha\right]}{4\lambda l_{\text{s}}e^{-2}u_{\text{c}}} \tag{6.23}$$

在 M 有垂直切线的点集 S 上，

$$S : \frac{\mathrm{d}M}{\mathrm{d}x} = 3x^2 + p = 0 \tag{6.24}$$

尖点突变的分叉集方程：

$$D : 4p^3 + 27q^2 = 0 \tag{6.25}$$

将式 (6.21)、式 (6.22)、式 (6.23) 代入分叉集方程，得

$$D = 4\left[\frac{3}{2}\left(\frac{G_0 g(N)l_{\text{e}}}{\lambda l_s e^{-2}} - 1\right)\right]^3$$
$$+ 27\left\{\frac{3\left[G_0 g(N)l_{\text{e}}\left(2u_{\text{c}} - Be^{-\int\frac{G}{\eta}dt}\right) + 2\lambda l_{\text{s}}e^{-2}u_{\text{c}} - mg\sin\alpha\right]}{4\lambda l_{\text{s}}e^{-2}u_{\text{c}}}\right\}^2 = 0 \tag{6.26}$$

6.2.3 土质岸坡稳定性判据

图 6.24 中，三维空间的坐标分别为控制参数 p，q 和状态变量 x。从 B 点出发，随着控制变量的连续变化，系统状态沿路径 B 演化到 B'，状态变量连续变化，不发生突变；而从 A 点出发沿 AA' 演化，当系统接近折翼边缘时，只要控制变量有微小变化，系统就要发生突变，总折翼的下叶跃迁到折翼的上叶。说明系统只有跨越分叉集时，才能发生突变。显然只在当 $p \leqslant 1$，系统才能跨越分叉集发生突变，根据式 (6.26) 分叉集方程其发生突变的必要条件是

$$k = \frac{G_0 g(N)l_{\text{e}}}{\lambda l_{\text{s}}e^{-2}} \leqslant 1 \tag{6.27}$$

6.3　白马港岸坡破坏机制

6.3.1　周期性浸泡条件下岸坡破坏面弹性区段尖点力学模型

根据浸泡的实验数据点的分布特点，分别对 $c-N$，$\varphi-N$ 的关系进行拟合，得到 c，φ 值与库水反复浸泡的次数 N 的关系式为

$$c = f(c_0, N) \tag{6.28}$$

$$\varphi = f(\varphi_0, N) \tag{6.29}$$

式中，N 为库水反复浸泡的次数；c_0 为未经库水浸泡的粘结力 (kPa)；φ_0 为未经库水浸泡的内摩擦角 (°)；c 为经过 N 次库水浸泡后的粘结力 (kPa)；φ 经过 N 次库水浸泡后的内摩擦角 (°)。岩土体的抗剪强度的摩尔–库仑准则表达：

$$\tau = c + \sigma_{\mathrm{n}} \tan \varphi \tag{6.30}$$

将式 (6.28)，式 (6.29) 代入式 (6.30)，可以得到经历 N 次库水浸泡后的岩土体抗剪强度公式：

$$\tau_{\mathrm{n}} = f(c, N) + \sigma_{\mathrm{n}} \tan f(\varphi_0, N) \tag{6.31}$$

岩土体的软化特性函数用 τ_{n} 与 τ 的比值 $g(N)$ 为

$$g(N) = \frac{f(c_0, N) + \sigma_{\mathrm{n}} \tan f(\varphi_0, N)}{\tau} \tag{6.32}$$

弹性区段的岩土体在库水周期性浸泡期间，内摩擦角、粘结力都随着库水周期性浸泡次数的增加而劣化加深。库岸再造是长期的地质演化过程，描述弹性区段软化特征的函数，反映库水变动对弹性介质强度的影响：

$$G = G_0 g(N) \tag{6.33}$$

式中，G_0 为弹性区段的初始剪切模量 (kPa)；$g(N)$ 为弹性区段的软化特征函数；$g(N)$ 为一个单调递减的函数，当 $N=0$ 时，$g(0)=1$，当 $N>1$，$g(N)<1$，对应不同的弹性区段介质材料，$g(N)$ 函数具体形式可以通过实验数据拟合得到。

6.3.2　白马港岸坡失稳尖点突变模型

三峡库区奉节白马岸坡为土石堆积岸坡，基岩为灰岩，内有泥质、灰岩组成的软弱结构夹层，自坡顶贯通至接近坡脚出露点。堆积体平均埋深为 $h=30\mathrm{m}$，白马岸坡堆积体坡度 $\alpha=28°$，灰岩基岩的倾角 $\beta=15°$，堆积体的平均密度为 $\rho=2000\mathrm{kg/m^3}$，

根据图 6.23，对应的软化段剪切模量$\lambda=2.8\times10^6$kPa，其长度为 $l_{\text{s}}=200$m；弹性段的剪切模量为 $G_0=3.02\times10^6$kPa，其长度为 $l_{\text{e}}=41$m。

为了模拟白马岸坡土体在三峡水库蓄水调度运行期间存在周期性浸泡的特性，对白马港的土体进行周期性浸泡试验。通过室内直剪试验，包括原状土直剪试验、周期浸泡条件下直剪试验，试验类型为固结快剪，试验成果见表 6.3。浸泡试验的基本程序为

(1) 用玻璃钢预制 3 个 2.0m×2.0m×1.5m 的试验槽，槽底建造 25cm 高的透水平台；

(2) 现场取土，按照天然状态的密实度控制压实，填筑成坡度 28° 左右的斜坡，然后用纯净水浸泡至饱和；

(3) 抽干试验槽内的浸泡水体，模拟库水位降落后的岸坡土体，据此取样进行直剪试验。浸泡后的土体按照 3 种不同饱和度或含水量取样试验，所取土样的饱和度按照 $S_{\text{r}}\geqslant90\%$、$75\%\sim90\%$ 和 $\leqslant75\%$ 控制，分别代表土体处于饱和状态、过渡状态和天然状态；

(4) 试验槽内的土体一次性填筑，对三峡库区奉节白马岸坡的土体进行 3 次浸泡 (据库水调度周期性浸泡)，根据实验数据进行岩土体强度参数曲线拟合，据此得到抗剪强度τ_{n} 经历 N 次库水浸泡后的岩土体抗剪强度公式。

表 6.3　白马港岸坡土体在浸泡条件下的直剪试验测试数据

次数	抗剪强度	平均值φ_{m}	标准差σ_f	变异系数δ	修正系数γ_s	标准值φ_{K}
0	c/kPa	31.52	3.56	0.18	0.86	29.1
	φ/(°)	24.52	6.12	0.29	0.71	21.6
1	c/kPa	32.87	1.64	0.12	0.87	28.6
	φ/(°)	24.71	2.31	0.16	0.85	21.4
2	c/kPa	33.73	2.54	0.18	0.83	28.0
	φ/(°)	25.06	2.80	0.20	0.85	21.0
3	c/kPa	28.52	2.36	0.12	0.90	27.7
	φ/(°)	15.60	2.31	0.17	0.84	18.1

根据表 6.3 的数据，分别对 $c-N$，$\varphi-N$ 的关系进行拟合，最后得到库水变动区弹性区段的 c，φ 与库水周期性变动次数 N 的关系式：

$$c = 29.1 - 1.43\ln(N+1) \tag{6.34}$$

$$\varphi = 21.6(0.4\text{e}^{-0.025N} + 0.6) \tag{6.35}$$

根据库仑准则可得

$$\tau_{\text{n}} = 29.1 - 1.43\ln(N+1) + \rho gH\cos\alpha\tan[21.6(0.4\text{e}^{-0.025N} + 0.6)] \tag{6.36}$$

弹性区段的软化特性函数:

$$g(N) = \frac{\tau_n}{\tau} = \frac{29.1 - 1.43\ln(N+1) + \rho g h \cos\alpha \tan[21.6°(0.4e^{-0.025N} + 0.6)]}{29.1 + \rho g h \cos\alpha \tan 21.6°} \quad (6.37)$$

由突变的判据公式,当 $k \leqslant 1$ 时奉节白马岸坡就发生失稳,而 k 值的变化与变量 N 有关。假设 $k=1$,代入岸坡稳定性判据,

$$k = \frac{3.02\dfrac{29.1 - 1.43\ln(N+1) + 529\tan[21.6(0.4e^{-0.025N} + 0.6)]}{29.1 + 529\tan 21.6}41}{2.8 \times 200e^{-2}} = 1$$

$$1.5\frac{29.1 - 1.43\ln(N+1) + 529\tan[21.6(0.4e^{-0.025N} + 0.6)]}{238.5} = 1$$

可以得到变量 N 值:

$$N \approx 50a \quad (6.38)$$

通过建立的白马港岸坡的尖点突变模型对库岸突变失稳时间 (浸泡次数) 的预测可知,当三峡水库运行 50 年 (浸泡 50 次) 左右,奉节白马岸坡的稳定系数 $K \leqslant 1$,岸坡可能突发失稳。由此可见,结合突变理论对岸坡的稳定性进行预测具有重要意义。

6.4　青石村岸坡破坏机制

6.4.1　青石滑坡的变形与破坏特征

青石滑坡位于巫峡神女溪青石社,是由山体座溃形成的老滑坡,前缘高程 90m 左右,后部 550m 左右,滑坡体后部山体高程 1000m 左右。滑坡体体积约 $1.2\times10^7\text{m}^3$,由第四系崩滑堆积 (Q_4^{col}) 的块石土组成,下伏基岩由三叠系下统大冶组灰白色泥质灰岩 (T_1d) 和嘉陵江灰岩 (T_1j) 组成。构造上处于官渡向斜北西翼,次级构造发育,岩层产状右岸 $26\sim110°\angle14°\sim32°$,左岸 $87\sim135°\angle17°\sim32°$。2009 年 10 月,三峡水库 175m 试验性蓄水期间,青石滑坡前缘 1500m^3 的滑坡体发生显著变形 (图 6.26),称为次生滑坡;2010 年 10 月 11 日,三峡水库蓄水至 169.4m 时,次生滑坡变形掉块加剧,10 月 12 日发生破坏,体积约 10000m^3(图 6.27)。

图 6.26 青石滑坡拉裂缝

图 6.27 青石滑坡前端的次生滑坡

6.4.2 青石滑坡破坏力学模型

根据地质勘察资料揭示的神女溪青石滑坡地质剖面，选取其前部已经破坏的次生滑坡，构建其力学模型 (图 6.28)。次生滑坡的滑动面可简化为两段，上段为位于 175m 水位以上的部分, 属于弹性介质或应变强化介质, 下段为位于 145m 至 175m 库水位变动带之间的部分, 属于应变软化介质, 这两种介质的本构曲线如图 6.25 所示。

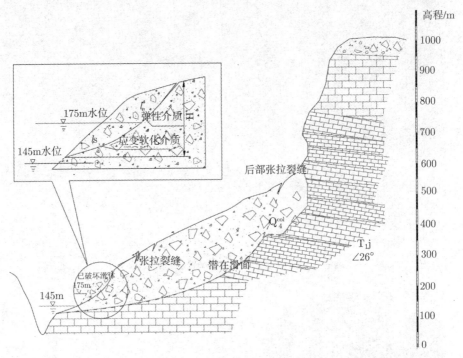

图 6.28   青石滑坡地质模型与力学模型

6.4.3   青石滑坡破坏动力参数

1. 势能计算

当滑坡滑动面弹性段发生蠕滑位移 u 且 $u < u_1$ 时, 产生的弹性形变能为

$$W_1^e = G_1 \frac{l_e}{2h} u^2 \tag{6.39}$$

式中, l_e 为滑动面弹性段长度 (m); 其余变量同前。

当滑动面应变软化段发生蠕滑位移 u 时, 产生的弹性形变能为

$$W_2^e = l_s \int_0^u \frac{G_2 u}{h} \exp\left(-\frac{u}{u_0}\right) \mathrm{d}u \tag{6.40}$$

式中, l_s 为滑动面应变软化段长度 (m); 其余变量同前。

滑坡重力势能为

$$W_G = mgu \sin\beta \tag{6.41}$$

式中，m 为滑坡滑坡体总质量 (kg)；β 为滑动面倾角 (°)；其余变量同前。

地下水在滑坡体内发生渗流作用，渗透力及其动力势能分别为

$$f = m_{\mathrm{w}}gi \tag{6.42}$$

$$W_{\mathrm{w}} = m_{\mathrm{w}}giu \tag{6.43}$$

式中，f 为滑坡体内地下水以下的渗透力 (kN)；W_{w} 为渗透力产生的势能 (kN·m)；m_{w} 为水体的质量 (kN)；i 为水力坡降；其余变量同前。

2. 滑坡破坏突变模型

三峡水库蓄水运行期间，青石滑坡下部处于周期性浸泡状态，严重劣化滑动面浸泡段土体的物理力学特性，滑坡由渐变到突变破坏。取单位宽度滑坡体为分析单元，滑坡的势能函数可表示为

$$W = W_1^{\mathrm{e}} + W_2^{\mathrm{e}} - W_G - W_{\mathrm{w}} = G_1 \frac{l_{\mathrm{e}}}{2h}u^2 + l_{\mathrm{s}} \int_0^{u_b} \frac{G_2 u}{h} \exp(-\frac{u}{u_0})\mathrm{d}u - mgu\sin\beta - m_{\mathrm{w}}iu \tag{6.44}$$

对式 (5.44) 取偏导，得

$$\frac{\mathrm{d}W}{\mathrm{d}u} = \frac{\mathrm{d}(W_1^{\mathrm{e}} + W_2^{\mathrm{e}} - W_G - W_{\mathrm{w}})}{\mathrm{d}u} - G_1 \frac{l_{\mathrm{e}}}{h}u + l_{\mathrm{s}}\frac{G_2 u}{h}\exp(-\frac{u}{u_0}) - mg\sin\beta - m_{\mathrm{w}}gi \tag{6.45}$$

方程 $\mathrm{d}W/\mathrm{d}u = 0$ 为平衡曲面 (突变流形)，如图 6.14。据光滑流形性质，存在 $W''' = 0$，求解可得 $u = u_{\mathrm{t}} = 2u_0$，将平衡曲面式 (6.45) 在 u_{t} 处值作 Taylor 级数展开，取至 3 次项，可得

$$\frac{l_{\mathrm{s}}G_2}{6he^2 u_0^2}(u - u_{\mathrm{t}})^3 + (\frac{G_1 l_{\mathrm{e}}}{h} - \frac{l_{\mathrm{s}}G_2}{he^2})(u - u_{\mathrm{t}}) + \frac{G_1 l_{\mathrm{e}}}{h}u_{\mathrm{t}} + \frac{l_{\mathrm{s}}G_2 u_{\mathrm{t}}}{he^2} - mg\sin\beta - m_{\mathrm{w}}gi = 0 \tag{6.46}$$

式中，u_{t} 为滑动面应变软化段本构曲线拐点所对应的位移 (m)；其余变量同前。

将式 (6.46) 中自变量量纲归一化，得

$$\frac{l_{\mathrm{s}}G_2}{6he^2 u_0^2}(\frac{u - u_{\mathrm{t}}}{u_{\mathrm{t}}})^3 + (\frac{G_1 l_{\mathrm{e}}}{hu_{\mathrm{t}}^2} - \frac{l_{\mathrm{s}}G_2}{u_{\mathrm{t}}^2 he^2})(\frac{u - u_{\mathrm{t}}}{u_{\mathrm{t}}}) + \frac{G_1 l_{\mathrm{e}}}{hu_{\mathrm{t}}^2} + \frac{l_{\mathrm{s}}G_2}{he^2 u_{\mathrm{t}}^2} - \frac{mg\sin\beta + m_{\mathrm{w}}gi}{u_{\mathrm{t}}^3} = 0 \tag{6.47}$$

令 $x = \dfrac{u - u_{\mathrm{t}}}{u_{\mathrm{t}}}, a = \dfrac{3}{2}(k-1), b = \dfrac{3}{2}(1+k-\xi), k = \dfrac{G_1 l_{\mathrm{e}}e^2}{G_2 l_{\mathrm{s}}}, \xi = \dfrac{he^2(mg\sin\beta + m_{\mathrm{w}}gi)}{u_{\mathrm{t}}l_{\mathrm{s}}G_2}$，将式 (6.47) 简化为突变模型的标准形式：

$$x^3 + ax + b = 0 \tag{6.48}$$

对于突变点，控制参数满足方程

$$\Delta = 4a^3 + 27b^2 = 0 \tag{6.49}$$

将参数 a 和 b 的表达式代入式 (6.49)，得

$$2(k-1)^3 + 9(1+k-\xi)^2 = 0 \tag{6.50}$$

由式 (6.50) 得到光滑突变流形 M 图 (图 6.29)，三维空间的坐标分别为控制参数 a、b 和状态变量 x，式 (6.49) 表示突变流形上有垂直切线的点所满足的条件即临界点，奇异点集 S 为图 6.19 平衡曲面 M 中的折痕部分，S 在控制参数 (a,b) 平面上的投影称为分岔集，用 B_1 和 B_2 表示。

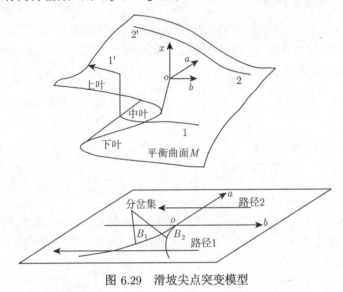

图 6.29　滑坡尖点突变模型

可以把曲面 M 分为上叶、中叶和下叶三部分，随着滑坡滑动面错动产生位移 u，会出现如下两种情况：

当 $\Delta > 0$，势函数呈光滑变化，滑坡稳定性态沿图 6.29 中的路径 $2-2'$ 演化。由于状态变量 x 连续变化，滑坡势能也呈连续变化趋势，不发生突变破坏，属于启程缓动型破坏方式。

当 $\Delta \leqslant 0$ 时，函数非连续变化，滑坡稳定性态沿图 6.29 中的路径 $1-1'$ 演化。由于状态变量 x 要穿越分岔集 B_1，只要控制变量有微小变化，滑坡的稳定性态便易于发生突发性衰减，从折翼的下叶跃迁到上叶，属于启程剧动型破坏方式。

在图 6.19 所示的尖点突变流形中，滑坡稳定性态沿路径 $1-1'$ 演化时，会由下叶跃迁至上叶，在临界点集上控制变量 x 需满足

$$W'' = 3x^2 + a = 0 \tag{6.51}$$

滑坡破坏失稳需跨越分岔集, 可求得式 (6.47) 的三个根:

$$x_1 = x_2 = -\sqrt{-\frac{a}{3}}, \quad x_3 = 2\sqrt{-\frac{a}{3}} \tag{6.52}$$

即由 x_1 跃迁至 x_3。结合 $x = \dfrac{u - u_{\mathrm{t}}}{u_{\mathrm{t}}}$ 及式 (6.52), 可得滑坡失稳所需的起始点位移 u_j 和终止点位移 u_{s} 为

$$u_j = u_{\mathrm{t}} - u_{\mathrm{t}}\sqrt{-\frac{a}{3}} \tag{6.53}$$

$$u_{\mathrm{s}} = u_{\mathrm{t}} + 2u_{\mathrm{t}}\sqrt{-\frac{a}{3}} \tag{6.54}$$

3. 滑坡破坏动力参数

根据式 (6.48) 对 x 积分可得尖点突变模型的势函数:

$$\Pi = \frac{x^4}{4} + \frac{ax^2}{2} + bx + c \tag{6.55}$$

由势函数的微分 $\delta\Pi$ 可得 x 从曲面 s 下叶 x_1 点跃迁到上叶 x_3 点 (图 6.30), 所释放弹性能的计算式为

$$\Delta\Pi = \int_1^{1'} \left[\frac{\partial\Pi}{\partial x}\mathrm{d}x + \frac{\partial\Pi}{\partial a}\mathrm{d}a + \frac{\partial\Pi}{\partial b}\mathrm{d}b \right] = \int_{x_1}^{x_3} (x^3 + ax + b)\mathrm{d}x$$

$$+ \int_a^a \frac{x^2}{2}\mathrm{d}a + \int_b^b x\mathrm{d}b = \frac{x_3^4 - x_1^4}{4} + a\left(\frac{x_3^2 - x_1^2}{2}\right) + b(x_3 - x_1) \tag{6.56}$$

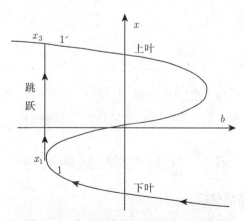

图 6.30　尖点突变平衡曲面的 b-x 截面

联合式 (6.49)、式 (6.53) 和式 (6.54),得

$$\Delta\Pi = -\frac{3}{4}a^2 = -\frac{27}{16}(1-k)^2 < 0 \tag{6.57}$$

表明失稳后的总势能低于失稳前的总势能。

将式 (6.47) 变为

$$\frac{l_sG_2}{6he^2u_0^2}(u-u_t)^3 + \left(\frac{G_1l_e}{h} - \frac{l_sG_2}{he^2}\right)(u-u_t) + \frac{G_1l_e}{h}u_t + \frac{l_sG_2u_t}{he^2} - mg\sin\beta - m_wi$$

$$=\frac{S_2G_2u_t^3}{6he^2u_0^2}(x^3 + ax + b) \tag{6.58}$$

假定滑坡失稳瞬间,滑坡体内积蓄的势能快速转换为动能,即

$$\Delta E = \Delta W = -\frac{l_sG_2u_t^3}{6he^2u_0^2}\Delta\Pi \tag{6.59}$$

据此可得滑坡启程剧动速度 v 和加速度 a 计算式分别为

$$v = \sqrt{\frac{2\Delta E}{m}} \tag{6.60}$$

$$a = \frac{v^2}{2\Delta u} = \frac{\Delta E}{m(u_s - u_j)} \tag{6.61}$$

根据地质勘察,青石滑坡次生滑坡体后缘弹性段:c=45.1kPa,φ=19.8°,弹性模量 E_1=68.2Gpa,泊松比μ=0.21,长度 l_e=12.91m;应变软化段:c=4.1kPa,φ=31°,弹性模量 E_2=3.24Gpa,泊松比μ=0.36,长度 l_s=43.54m。滑动面浸水段长度 ΔL=23m,高度 Δh=7.5m,水力梯度 i=0.326,水体质量 m=8.2×10^5kg,m_w=1.1×10^5kg。依据本书建立的计算公式,得

$$k = \frac{G_1l_e e^2}{G_2l_s} = 19.0696, \quad \xi = \frac{he^2(mg\sin\beta + m_wgi)}{u_tl_sG_2} = 0.0576$$

$$\Delta = 2(k-1)^3 + 9(1+k-\xi)^2 = 15404 > 0, \quad u = 5\times10^{-3}\text{m}$$

可见,青石滑坡次级滑坡属于启程缓动型破坏,与实情相符。

6.5　江东寺岸坡破坏机制

6.5.1　江东寺岸坡破坏情况

重庆市巫山县西距重庆 480km,东距宜昌 240km,县城地理坐标为东经 109°50′55″ ～ 109°55′12″,北纬 31°3′23″ ～ 31°6′17″,是长江中上游重要的水运

集散地之一，是"黄金水道"上的重要水路交通枢纽。大宁河是大宁河除巫山小三峡外中上段的总称，是奉节–巫溪–巫山"金三角"的三条主轴线之一，以景点密集、可游性强和自然、人文、民俗的和谐统一著称，堪称"百里画廊"，有"天下第一溪"的美称。

江东寺岸坡区地形地貌属中、浅切割褶皱侵蚀、剥蚀低山深丘地貌，总体地势呈北东高南西低 (图 6.31)。大宁河由北向南在滑坡区的南西侧汇入长江。岸坡坡度约 30°~40°，坡高约 130~350m。区内最大高程位于江东寺岸坡北东侧的山脊处，为 490.1m；最小高程位于江东寺岸坡南西侧的长江，目前的水位高程为 143.31m，最大高差为 346.79m。

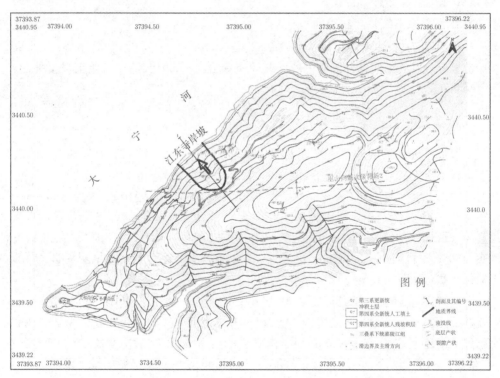

图 6.31 巫山县江东寺岸坡地质平面图

1. 地层岩性

岸坡区内分布的地层为第四系全新统人工填土 (Q_4^{ml})、残坡积土层 (Q_4^{el+dl})，基岩为三叠系下统嘉陵江组四段 (T_1j^4) 灰岩，各岩土层特征如下：

1) 第四系全新统 (Q_4)

人工填土 (Q_4^{ml})：紫红色、浅黄色，杂填土，主要成分为泥岩、泥灰岩碎石及生活垃圾，主要分布于区内的公路外侧，为公路、房屋修建并挖弃土，无分选性，堆填时间一般 2~3 年，厚度一般 3~10m。

残坡积土 (Q_4^{el+dl})：紫红色，粉质粘土，硬 ~ 可塑状，无摇震反应，稍有光泽，粘性较好，夹少量泥岩、泥灰岩碎石，碎石含量约 10%~30%，主要分布于斜坡坡面及坡脚的沟谷底部，厚度差异较大。

2) 第三系更新统

二级阶地冲积土层 (Q_p^{al})(巫山黄土)：粘土，浅黄色，呈硬塑状，属半胶结状态，钙质胶结，位于巫山县江东嘴江东村，根据收集的资料及本次调查，厚度约 10~90m。

3) 三叠系下统嘉陵江组四段 (T_1j^4)

第四段 (T_1j^4)：岩性为浅灰色微晶–细晶灰岩为主，中厚层、块状结构，江东嘴一带呈碎块状。底部见有浅灰色薄层白云质灰岩，上部为灰色白云质灰岩及灰岩、角砾状灰岩。

2. 地质构造

滑坡区地质构造总体上位于巫山向斜南翼的一个次级背斜北翼近核部，该次级背斜轴线走向与巫山向斜轴线近平行。江东寺岸坡位于次级背斜 2 的北西翼，岩层产状为 320°~347°∠27°~40°，优势产状为 330°∠35°，裂隙①162°~238°∠53~76°，优势产状为 150°∠60°；间距 0.3~1.2m，延伸长 1.5~3.4m，局部呈张开状，张开宽 1~8mm，裂面较平整，局部粘土充填。裂隙②76°~145°∠72°~89°，优势产状为 88°∠80°；发育间距 0.3~0.7m，延伸长 1.5~2.5m 裂面较平整，多呈闭合状，局部呈张开状，宽 2~5mm。

次级背斜 2 的南东翼的岩层产状为 160°~206°∠11°~30°，优势产状为 170°∠20°，裂隙①282°~300°∠65~75°，优势产状为 290°∠70°；间距 0.3~1.0m，延伸长 2~3.3m，局部呈张开状，张开宽 2~7mm，裂面较平整，局部粘土充填。裂隙②7°~40°∠80°~82°，优势产状为 20°∠80°；发育间距 0.3~0.6m，延伸长 1~2.5m，裂面较平整，多呈闭合状，局部呈张开状，宽 2~5mm。

3. 气象水文地质条件

滑坡区属亚热带季风性温湿气候，具气候温和、四季分明、雨量充沛等特点。区内降雨丰沛，多年平均降雨量 1049.3mm，年降雨量最大值 1356mm，月最大降雨量 445.9mm(1979 年 9 月)，多年平均最大日降雨量约 139.2mm。一年中降雨量分布不均，降雨主要分布在 5~9 月，占全年的 68.8%，枯水期分布于 1、2、12 月，降雨量仅占全年的 4.3%。

4. 灾情简介

2015 年 6 月 24 日 18 时 40 分, 重庆市巫山县龙门街道龙江村 2 社大宁河江东寺北岸 (与长江交汇处约 200 米, 长江上游航道里程约 170 公里) 突发大面积滑坡, 如图 6.32 所示, 滑坡引发巨大涌浪, 总方量约 $23 \times 10^4 \mathrm{m}^3$, 滑坡滑移速度快, 一次性入江体量大, 形成了 5 至 6 米高的涌浪, 造成停靠在江岸的 1 艘 14 米长的海巡艇沉没, 造成对岸 (南岸) 靠泊的 21 艘小型船舶 (渔船、农用船为主) 翻沉, 另有 21 艘靠泊船舶断缆漂航。同时, 涌浪现已造成在江边游泳的 1 人失踪、1 人病危、3 人重伤、1 人轻伤, 11 处码头钢缆不同程度受损, 1 处 80 平方米的简易棚房垮塌。巫山县启动应急方案, 撤离了滑坡区及影响范围内 56 户, 共 196 人。

图 6.32　江东寺岸坡垮塌前后外貌

6.5.2　破坏机制

现场观测及理论分析得出, 巫山县江东寺岸坡垮塌原因有以下三点: 库水位上升浸泡软化作用、库水位下降渗流驱动作用以及降雨入渗劣化作用。

1. 浸泡软化作用

研究表明, 土质或岩质岸坡浸泡软化机制受多因素影响, 其软化机制相当复杂。按岩土介质变化特性可将软化因素概化为物理、化学作用; 按岸坡变形机理可将软化因素分为材料力学效应、水力学效应以及水力机械作用。类土质土体因其独特的结构和构造异于土体和岩体, 其浸泡软化机制受内外部因素的共同作用。其浸泡软化作用主要由物源条件、库水位上升类土质土体宏、微观变化决定。

物源即类土质岩体。类土质岩体是由节理切割破碎岩体, 并经强烈风化作用形成的碎裂状岩体。岸坡形成是一个漫长的过程, 主要作用是河流切割槽谷。岸坡形成过程中会产生强大的卸荷作用, 卸荷岩体内部节理裂隙受卸荷应力作用不断断裂扩宽、变长, 衍生出大量分支裂隙或新生裂纹。而后受流水的物理、化学作用致使风化解体, 受到风化的岩体整体性逐渐遭到破坏, 呈碎裂状, 风化残积物充填其中, 即为类土质岩体。类土质岩体由两部分组成, 风化的岩石块体与风化残积物。

风化岩石块体残留强度相对风化残积物较高，两者相互充填粘结在一起，但粘结强度不高。风化残积物结构疏松，孔隙度大，提供两者主要粘结作用。因此，疏松的风化残积物与岩石块体-残积物粘结强度不高的类土质岩体为岸坡的软化提供了必要的物源条件。

如图 6.33 所示，库水位抬升浸泡条件下，会在岸坡坡脚区域形成浸泡软化带，此时类土质土体处于饱和或非饱和状态，强度会有大幅度的降低，一般粘性土饱和粘聚力只有非饱和的 40%~60%。类土质土体强度主要由风化岩石块体强度、风化残积物强度以及两者的界面粘结和摩擦强度分担。浸泡条件下水体进入松散风化残积物孔隙内，一方面类土质岩体有效应力降低，支撑结构强度减弱；另一方面水对风化残积物颗粒具有润滑作用，削弱颗粒之间的联结强度，并促使风化残积物颗粒发生滑动、滚动以及重新排列。同时，水体的进入导致岩石块体与残积物界面的粘结颗粒被带走，粘结面积减少，润滑作用显著。因此，浸泡条件下风化残积物强度降低以及岩石块体与残积物界面强度降低是类土质岩体软化的主要原因，也是类土质岩体的宏观表象。

图 6.33   江东寺岸坡浸泡软化区

为了解释类土质岩体浸泡软化的微观变化，对类土质岩体做一定简化。类土质土体是由节理切割破碎岩体，并经强烈风化作用形成的碎裂状岩体。碎裂状岩体表层经风化形成一层强度较低的包裹体，因此可将碎裂状岩体 (类土质岩体) 可等效为粒状土体,等效颗粒由两部分组成,内核与外包裹体。内核强度较高,受浸泡或外力作用强度变化不明显,等效颗粒表层裹有包裹体,其包裹厚度与包裹体抗剪强度以及包裹体与类土质颗粒界面强度相关。

类土质岩体受到浸泡后,其物理力学特性发生复杂的变化。类土质等效颗粒间存在大量孔隙。水化学溶液长期在孔隙中与包裹体表层矿物颗粒或晶体发生化学作用,是矿物分解并生成一些新的矿物,易溶矿物随水流失,而难溶矿物或结晶矿物则残留原地,使类土质岩体等效颗粒间的孔隙增大,类土质岩体因此变得松散;某些新生矿物具有高度的分散性,这种作用逐渐降低了类土质岩体的强度,减弱了类土质岩体抵抗破坏的能力。

2. 渗流驱动力作用

2015 年 5 月初至 6 月底是三峡库水位降落时期,6 月 24 日,巫山县江东寺发生岸坡垮塌,显然,库水位降落引起的渗流驱动力对岸坡破坏的作用至关重要。

传递系数法是计算渗流驱动作用下岸坡稳定性常用方法之一。将渗流驱动力作用于图 6.34 中的条块,在岸坡体中取第 i 块条块进行受力分析,条块受重力 W_i、浮力 U_i、渗流驱动力 D_i、$i-1$ 条块的不平衡推力 P_{i-1}、抵抗力 T_i、正压力 N_i 将各作用力投影到底滑面上,得到第 i 条块的平衡方程为

$$P_i = (W_i \sin\alpha_i + D_i \cos\beta_i) - c_i l_i / F_s - (W_i \cos\alpha_i - D_i \sin\beta_i)\tan\varphi_i / F_s + P_{i-1}\Psi_{i-1} \tag{6.62}$$

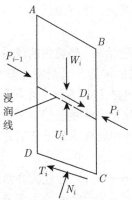

图 6.34 条块 i 力学模型

不平衡系数为

$$\psi_{i-1} = \cos(\alpha_{i-1} - \alpha_i) - \frac{\tan\varphi_i}{F_s}\sin(\alpha_{i-1} - \alpha_i) \tag{6.63}$$

式中,P_i 是第 i 条块的不平衡下滑力;α_i 是第 i 条块滑面与水平面的夹角;α_{i-1} 是第 $i-1$ 条块滑面与水平面的夹角;β_i 是第 i 个滑面与渗流驱动力的夹角;c_i 是

第 i 个条块粘聚力；l_i 是第 i 条块的底面长度；φ_i 是第 i 条块滑动摩擦角；ψ_{i-1} 是第 i 条块的不平衡系数；F_s 滑坡稳定系数。

将江东寺岸坡分条块按天然工况和库水位降落工况考虑，计算得出天然工况下的稳定系数为 1.03，库水位降落工况下的稳定系数为 0.99，天然工况下江东寺岸坡处于欠稳定状态，而受库水位下降渗流驱动力的作用，致使江东寺岸坡处于不稳定状态，造成岸坡发生突发性破坏。

3. 降雨入渗作用

江东寺岸坡垮塌前期，巫山县持续多天暴雨，雨水强度大，造成岸坡变形加剧。如 2015 年 6 月 3 日持续暴雨一天，6 月 24 日下午 1 点 30 分监测发现，岸坡处最大水平位移为 13cm，垂直位移 39cm，岸坡变形严重，最终导致 6 月 24 日下午 6 点 40 分岸坡垮塌。降雨对岸坡变形破坏作用体现在以下三方面：

1) 改变滑体、滑面物理力学参数

降雨过程中，雨水入渗至滑坡体，改变滑坡体含水量，致使滑体重度增加和抗剪强度参数降低。江东寺岸坡表层为灰岩强风化坡积层，灰岩在演变历史中受水体的侵蚀，多形成溶穴、孔洞，并不断贯通成小的岩溶通道，这些原始的空隙裂隙至今残存在坡积层内。空隙形成的岩溶通道导致坡体孔隙率增加，坡体力学参数劣化严重，同时岩溶通道的存在为坡体的细小颗粒提供运输条件，逐渐向岩–土分界面和坡脚运移。运输到坡脚的细小颗粒随库水位被带走，但大部分会保留在岩–土分界面上，并逐渐累积形成力学弱面，即岸坡滑面。

2) 渗透力增加

雨水入渗滑体致使地下水位抬高，顺坡向的渗透力增大，与库水位下降形成的渗流驱动力不同的是雨水形成的渗透几乎是覆盖整个滑体，而库水位下降仅是改变 145~175m 滑体浸润部分，但在计算方法上是相同的。考虑雨水入渗采用式 (1) 和式 (2) 计算得到暴雨工况下江东寺岸坡的稳定系数为 0.95，使岸坡处于不稳定状态，从稳定系数上看，降雨的作用比库水位下降的作用要强。

3) 地下水位上升浮托力增大

雨水入渗导致地下水位抬升的同时，浮托力在滑体内大幅度增加，提供一定向上的浮力，抵消一部分滑体自重，导致滑面抗力降低，加剧江东寺岸坡的危险性。

6.5.3　数值仿真分析

1. PFC2D 模型建立及参数选取

1) 墙体及颗粒集合体建立

江东寺岸坡地质结构由上覆第四系崩坡积层 (Q_4^{col}) 和下伏第三系灰岩 (T_1j^4) 两部分组成。由于崩坡积层的不均匀性以及各项异性，利用软件内置的 FISH 语言编程建立该滑坡的离散元模型, 设定不同粒径组成的颗粒集合体能更好的体现被模拟对象的特性, 颗粒集合体的粒径越小, 模拟情况越真实, 但受到计算机运行能力的影响, 颗粒集合体的粒径不能无限小, 因此参照 Wang 等 [24] 的方法, 在滑坡主体部分采用小粒径组颗粒, 其余部分采用大粒径组颗粒, 这样既克服了计算机容量以及速度的限制, 又满足了精度要求。由于此次模拟为江东寺岸坡在库水的作用下上覆崩坡积层 (Q_4^{col}) 的滑动破坏, 所以决定采用大粒径 0.8m< R <1.2m 的颗粒集合体来模拟下伏灰岩 (T_1j^4), 小粒径 0.3m< R <0.5m 的颗粒集合体来模拟上覆崩坡积层。

在 341.7m×500m 的方形区域内按边界处建立刚性墙体, 设置内侧为激活面, 然后在该区域上部 370~500m 内生成 15000 个粒径 0.8m< R <1.2m 的颗粒, 设置重度后自由下落, 达到平衡后按照岩土分界面删除上部多余颗粒, 赋予剩余颗粒灰岩对应的细观参数 (表 6.4)。再次平衡, 此即模拟下伏基岩。运用同样的方法, 在 370~500m 内生成 15000 个粒径 0.3m< R <0.5m 的颗粒, 自由下落达到平衡后按照坡面边界删除多余颗粒, 赋予剩余颗粒集合体崩坡积层对应细观参数 (表 6.4), 此部分模拟上覆崩坡积层。

2) 细观参数选取

离散元软件 PFC2D 无法直接赋予被模拟对象宏观力学参数, 需要事先实施一系列双轴数值试验, 通过改变数值试验中细观参数得出对应的不同宏观力学参数, 并与被模拟对象的力学参数进行对比, 反向标定出最能代表材料宏观力学性质的细观参数, 然后应用于滑坡的整个模拟过程。建立一组双轴数值试验, 尺寸 30m×15m(图 6.15), 生成边界后, 在内部填充对应粒径的颗粒集合体, 赋予不同组细观参数, 在一定围压下达到平衡。此时开启软件内置的伺服机制, 保持围压恒定, 匀速轴向加载, 直至试样破坏, 通过大量不同组细观参数的试算, 得出滑坡各岩土层对应的细观参数, 见表 6.4。

表 6.4   江东寺岸坡土体细观参数

名称	颗粒密度 dens/(kg/m³)	粒径大小 R/m	颗粒摩擦系数 f	法向刚度 k_n/(N/m)	切向刚度 k_s/(N/m)	法向粘结力 n_bond/N	切向粘结力 s_bond/N
崩坡积层 (浸泡前)	1940	0.3~0.5	2.0	1×10^8	1×10^8	2×10^2	2×10^2
崩坡积层 (浸泡后)	2100	0.3~0.5	1.3	1×10^8	1×10^8	1.4×10^2	1.4×10^2
灰岩 (浸泡前)	2700	0.8~1.5	2.0	1×10^9	1×10^9	1×10^6	1×10^6
灰岩 (浸泡后)	2750	0.8~1.5	1.8	1×10^9	1×10^9	1×10^6	1×10^6

2. 模拟结果分析

在滑坡模型坡脚、水面处、坡中以及坡顶处各布置一个测量圈, 编号①, ②, ③ 和④, 并在各测量圈中心位置设立监测小球, 相应的编号为 1, 2, 3 和 4(图 6.35), 监测记录模型破坏过程中各处应力应变情况与破坏运动速度。模型达到平衡后, 将 175m 水位以下滑坡各岩土层浸泡后对应的细观参数对应赋值, 施加渗流力, 滑坡 在不平衡力作用下将发生破坏 (图 6.36)。

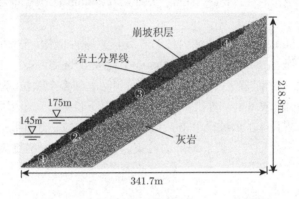

图 6.35　江东寺岸坡计算模型 (15223 个颗粒)

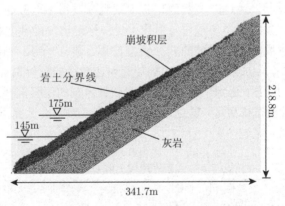

图 6.36　江东寺岸坡破坏后形态

1) 孔隙率变化规律

从图 6.37 中可以看出, 1 号测量圈位置即坡脚处孔隙率在滑坡破坏初始阶段 $4.5 \times 10^6 \sim 6.1 \times 10^6$ 时步内由 0.16 增大到 0.55, $6.1 \times 10^6 \sim 8.6 \times 10^6$ 时步内减小至 0.17, 之后至 1.27×10^7 时步内孔隙率始终在 0.17 附近波动。2 号测量圈 (145m 水位处) 在滑坡破坏过程中孔隙率几乎不变, 为 0.17。3 号测量圈即坡中处在前期阶 段 $4.5 \times 10^6 \sim 8.2 \times 10^6$ 时步内孔隙率不变, 之后逐渐增大, 最大值为 0.43, 出现在

1.22×10^7 时步。4 号测量圈处于坡顶处，随着滑坡逐渐垮塌破坏，该处堆积层逐渐松动，大部分沿着岩土分界面向下滑动，使得该处孔隙率逐渐增大至 0.89，之后由于测量圈内仍有残留的少量堆积体，故该处孔隙率不会继续增大至 1.0，而是保持为 0.89 不再变化。

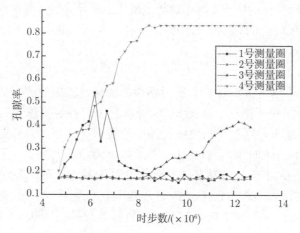

图 6.37 江东寺岸坡各处破坏过程孔隙率变化

2) 坡体各监测点破坏运动速度

从图 6.38 中可以得出，1 号测量球在坡脚处，在 $4.7\times10^6 \sim 5.9\times10^6$ 时步内，竖向速度先增大后减小，最大值达到 0.35m/s，后减小为 0.21m/s，随着坡体的逐渐垮塌，1 号测量球进入河道中，被删除之后无法监测到该小球的速度。2 号球处于 145m 水位处，该小球竖向速度在垮塌过程中呈现波动变化的情况，整体趋势为先

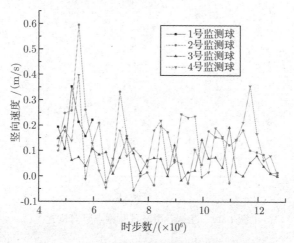

图 6.38 江东寺岸坡各监测点破坏运动曲线

增大后减小，最大值出现在 5.3×10^6 时步处，为 0.59m/s，后逐渐波动减小，在 1.27×10^7 时步处减小为 0.015m/s。3 号小球处于坡体中部，在滑坡整 $4.7 \times 10^6 \sim 1.15 \times 10^7$ 时步内竖向速度在 0.17m/s 上下波动，之后开始逐渐减小，在 1.27×10^7 时步时减小至 0.011m/s。4 号小球位于坡顶，在整个破坏过程中竖向速度与 2 号小球相似，呈现波动变化的情况，整体趋势先增大后减小，最大值出现在 5.3×10^6 时步处，为 0.39m/s。在 1.17×10^7 时步时，竖向速度逐渐减小，于 1.27×10^7 时步处减小为 0.0052m/s。

3) 各监测点竖向位移

当滑坡 175m 以下区域各岩土层力学参数弱化，施加渗流力后，上覆坡积层会沿着岩土分界面向下滑动。从图 6.39 可以看出，各监测球竖向位置随着时步数的增加均逐渐减小，以左下角坡脚处顶点位置为 0m 计，1 号监测球竖向位置在 $4.7 \times 10^6 \sim 5.9 \times 10^6$ 时步内从 18.3m 逐渐减小为 0m，之后 1 号小球被删除无监测速度。2，3 和 4 号监测球竖向位置变化情况基本一致，先逐步减小后趋于稳定。2 号球在 $4.7 \times 10^6 \sim 1.04 \times 10^7$ 时步内竖向位置从 59.5m 减小至 10.97m，在 $1.04 \times 10^7 \sim 1.27 \times 10^7$ 时步内，监测球位置基本保持在 9.05m 左右。3 号球在 $4.7 \times 10^6 \sim 1.12 \times 10^7$ 时步内竖向位置从 116.4m 减小至 70.5m，在 $1.12 \times 10^7 \sim 1.27 \times 10^7$ 时步内逐渐保持 66.1m 附近。4 号球在 $4.7 \times 10^6 \sim 1.17 \times 10^7$ 时步内竖向位置从 201.7m 减小至 140.8m，之后在 $1.17 \times 10^7 \sim 1.27 \times 10^7$ 时步内保持 133.2m 左右。可以发现，2，3 和 4 号监测球在滑坡发生滑动至稳定阶段，竖向位置均呈现先减小后稳定的趋势，其中，2 号监测球竖向位置最先保持稳定，其次为 3 号监测球，4 号监测球竖向位置保持稳定最晚。

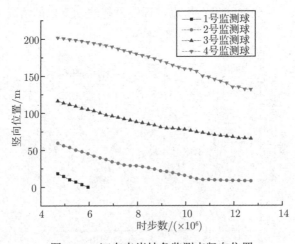

图 6.39　江东寺岸坡各监测点竖向位置

第7章 浸泡-渗流耦合驱动下土质岸坡再造预测

库岸再造的发生与发展是多因素综合作用的结果，主要影响因素可分为内因和外因两大类，其中内因是决定库岸再造产生的根本因素，外因是库岸再造产生的动力源和塑造者。库岸结构形态、岩土体类型及地质构造条件等地质因素是库岸再造发生的内因，决定着岩土边坡具有不同的抗剪强度和抗冲刷能力，并最终决定着库岸的再造类型、库岸再造范围和库岸再造强烈程度。而库水的涨落、水文地质条件的改变、人类工程活动、暴雨和地震等因素则是库岸再造的外因，库水涨落、水文地质条件的改变不仅会导致岩土抗剪强度改变，而且还会引起岩土自重及动、静水压力的变化；人类不合理的工程活动破坏原本稳定的库岸形态，不利于岸坡的稳定；暴雨及地震等突发因素常常加剧库岸再造的变形发育。在上述内外因的综合作用下，库岸边坡不断进行再造和演化。

水库运行期间，库岸再造不断加剧，将对国家和库区人民的生命财产、库区的生态与环境造成重大影响。本项目科学划分库岸再造类型，分析库岸再造演化模式，系统实施库岸再造范围和稳定时限预测，为政府主管部门实施减灾决策提供科学依据。

7.1 库岸再造模式

库岸再造速度一般在蓄水开始几年内发展较快，以后逐渐趋于缓和。已建水库的统计资料表明，库岸崩滑发生在库水位上升期约占 40%~49%，在水位消落期约占 30%，而一些大型滑动则往往发生在库水位达到最高峰后急剧消落时刻。库水位首次上升对库岸的改造影响比库水的重复作用更大。一年之内涨水期、强风期，比较容易发生塌岸。

水位变幅带的岸坡再造是一个磨蚀搬运堆积综合作用的过程 (图 7.1)。具体演化过程如下：

(a) 水位上升阶段：水库蓄水以后，库水位逐渐上升，水面展宽，水深加大，风浪作用增强。水流和波浪直接作用于未浸润的岸坡土体，此时，岸坡地表土体松散孔隙率较大，水迅速渗入土体内部，降低了土体的坚硬性和整体性，为后续阶段的启动提供了源动力。

(b) 土体软化崩解，局部掏蚀阶段：在库水的静力和动力作用下 (即浸泡和掏蚀)，岸坡局部土体出现软化、泥化现象，引起土体崩解，并在波浪反复冲击荷载下逐渐掏刷和磨蚀岸壁，下部土体被破坏和掏空，开始出现浪蚀龛。崩解掏刷掉的物质受波浪回流的影响，沿库岸线向下搬运，分选堆积在一定区域。

(c) 卸荷微裂纹发育阶段：库水波浪持续作用于岸壁土体，浪蚀龛向岸发育，上部土体逐渐失去基座支撑，从而导致在重力作用下其后出现张拉应力，开始发育坡面微裂纹。

(d) 非稳定破坏阶段：进入本阶段以后，微裂纹的发展出现了质的变化。由于裂纹发展过程中所造成的局部应力集中效应显著，即使外荷载不变，裂纹仍然会不断发展，并在某些薄弱部位首先破坏，应力重新分布，进而引起次薄弱部位的破坏，再加上地表水的渗入，将促使裂缝进一步分支扩展、张开，并向下发展。

(e) 土体坍塌破坏阶段：浪蚀龛和后壁裂缝的双向持续非稳定性发育，浪蚀龛上部土体最终达到其极限抗剪强度，在结构面端部和浪蚀龛之间发生剪断失稳破坏，为下一次坍塌提供了临空面。坍塌的物质受波浪的搬运与分选作用而堆积在一定区域，又经沿岸流搬运而顺岸线迁移，逐渐形成水下浅滩雏形。

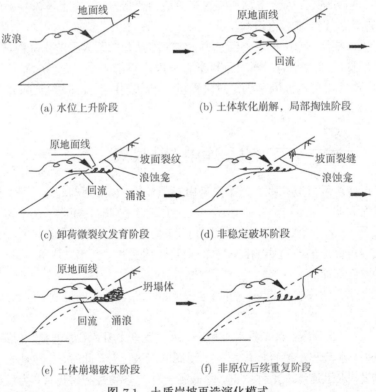

图 7.1　土质岸坡再造演化模式

(f) 非原位后续重复阶段：随着时间的延长，岸坡土体不断反复遭受库水的浸泡和冲刷，岸壁发生坍塌破坏，库岸线逐渐向岸后退，掏蚀坍塌体被搬运沉积，水下浅滩扩大；浅滩的形成对波浪产生破碎作用，阻止了波浪对岸坡的进一步冲蚀，当浅滩达到一定宽度时，波浪强度与构成岸坡的土体抗冲蚀能力保持平衡，波浪不再继续破坏岸坡，岸坡也不再后退，水下、水上岸坡形成稳定坡角达到新的平衡状态。

7.2 基于浪蚀龛和土体临界高度的修正卡丘金法

目前，卡丘金法作为常用库岸再造预测方法之一，其原理属于半经验性半定量的模式，运用经验参数图解法确定库岸再造范围，简化了水文地质条件的影响，没有反应出水流对库岸的流固耦合效应。又由于土质岸坡一般为坡积、崩塌成因，由硬质岩碎石、角砾等粗粒物质堆积而成，其自然坡角往往接近于临界稳定坡角，坡面几何形态平直，无明显转折点，对于这类土质岸坡的库岸再造问题，卡丘金法的预测结果往往与实际情况存在较大误差，甚至出现图解极难收敛的情况 (图 7.2)。

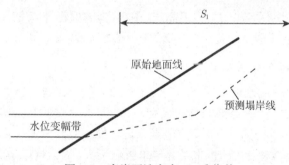

图 7.2 库岸再造宽度 S_1 难收敛

针对卡丘金法存在的诸多问题，本书以三峡库区典型土质岸坡为研究对象，结合三峡水库水位变动特点、库岸再造地质条件以及库岸再造现状调查研究，从浪蚀龛和土体临界高度两个方面修正卡丘金法。

7.2.1 浪蚀龛对库岸再造的影响[57]

在波浪周期性冲刷岸坡过程中，除了引起土体孔隙中毛细水的上升，同时还形成似拱形的浪蚀龛 (图 7.3)。由于毛细水和浪蚀龛都是由波浪引起，因此，对于波浪爬升的影响范围，需综合考虑浪蚀龛的拱高和毛细上升高度，取其最大值进行波浪爬升影响范围修正。

波浪爬升的影响范围计算公式：

$$h = h_{\mathrm{b}} + \max(h_{\mathrm{g}}, h_{\mathrm{m}}) \tag{7.1}$$

式中，h_{b} 为波浪爬升高度 (m)；h_{g} 为浪蚀龛拱高 (m)；h_{m} 为毛细上升高度 (m)。

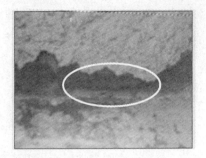

图 7.3　岸坡浪蚀龛

1. 波浪爬山高度 h_b 的确定

设计高水位以上的波浪爬高可按下式计算:

$$h_b = 3.2K \cdot H_B \cdot \tan \alpha \tag{7.2}$$

式中, K 为岸坡粗糙系数; H_B 为浪高 (m); h_b 为波浪爬升高度 (m); α 为水库水位变动和波浪影响所涉及的范围内, 形成均一的磨蚀浅滩的坡角 (°)。

2. 浪蚀龛几何参数确定

1) 浪蚀龛拱高 h_g 求解

如图 7.4 所示, 为推导浪蚀龛的拱高, 沿浪蚀龛内壁垂直沿伸线提取脱离体, 假定拱底从波浪爬升至高处开始起算; 至于破坏线不是绝对的竖直, 而是向里、向外或稍有弯折, 但其对公式的推求及其结果影响不大, 因为抗塌落剪力可以投影到竖直线上。根据土力学理论, 可以得到

$$P_a = K_a \gamma Z - 2c\sqrt{K_a} \tag{7.3}$$

$$\tau_f = c + (K_a \gamma Z - 2c\sqrt{K_a}) \tan \varphi \tag{7.4}$$

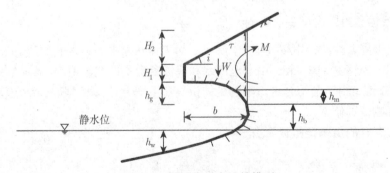

图 7.4　浪蚀龛拱高计算模型

式中, P_a 为主动土压力 (kPa); τ_f 为抗剪力 (kPa); K_a 为主动土压力系数, $K_a = \tan^2\left(45° - \dfrac{\varphi}{2}\right)$; γ 为土体容重 (kN/m³); Z 为埋深 (m); c 为土体粘结力 (kPa); φ 为土体内摩擦角 (°)。沿 $(H_1 + H_2 + h_g)$ 积分得到抗塌落阻力 Q 为

$$Q = c(1 - 2\sqrt{K_a}\tan\varphi)(H_1 + H_2 + h_g) + \frac{1}{2}K_a\gamma(H_1 + H_2 + h_g)^2\tan\varphi \tag{7.5}$$

式中, Q 为抗塌落阻力 (kN/m); H_1 为拱顶到岸坡外边界垂直高度 (m); H_2 为岸坡外边界到拱脚正对地表的高度 (m); h_g 为浪蚀龛拱高 (m); 其余符号含义同前。
另外可知塌落体的重量 W 为

$$W = b(H_1 + H_2 + h_g)\gamma - \frac{b^2\gamma\arctan\dfrac{h_g}{b}}{\sin^2\left(2\arctan\dfrac{h_g}{b}\right)} - \frac{1}{2}H_2 b\gamma + \frac{b^2\gamma}{2\tan\left(2\arctan\dfrac{h_g}{b}\right)} \tag{7.6}$$

式中 b 为浪蚀龛深度, 其余符号含义同前。

在达到平衡条件时, 有

$$Q = W \tag{7.7}$$

略去 (7.6) 式中正弦和正切函数展开式的四次方项得到

$$c(1 - 2\sqrt{K_a}\tan\varphi)(H_1 + H_2 + h_g) + \frac{1}{2}K_a\gamma(H_1 + H_2 + h_g)^2\tan\varphi$$
$$= b\gamma\left(H_1 + \frac{1}{2}H_2 + \frac{1}{3}h_g\right) \tag{7.8}$$

则求解方程可得浪蚀龛拱高:

$$h_g = \frac{\sqrt{[3c(1-2\sqrt{K_a}\tan\varphi)-b\gamma]^2+3K_ab\gamma^2\tan\varphi(4H_1+H_2)+6c^2\tan\varphi(\sqrt{K_a}-K_a\tan\varphi)}}{3K_a\gamma\tan\varphi}$$
$$+ \frac{-3c(1 - 2\sqrt{K_a}\tan\varphi) + b\gamma - 3K_a\gamma(H_1 + H_2)\tan\varphi}{3K_a\gamma\tan\varphi} \tag{7.9}$$

式中符号含义同前。
由于 $H_2 = b\tan i$, 则 (7.9) 式可以变为

$$h_g = \frac{A_1 + A_2 + A_3 + A_4}{A_5} \tag{7.10}$$

式中,

$$A_1 =$$
$$\sqrt{[3c(1-2\sqrt{K_a}\tan\varphi)-b\gamma]^2+3K_ab\gamma^2\tan\varphi(4H_1+b\tan i)+6c^2\tan\varphi(\sqrt{K_a}-K_a\tan\varphi)}$$
$$A_2 = -3c(1 - 2\sqrt{K_a}\tan\varphi); \quad A_3 = b\gamma;$$

$$A_4 = -3K_a\gamma(H_1 + b\tan i)\tan\varphi; \quad A_5 = 3K_a\gamma\tan\varphi$$

其余符号含义同前。

2) 浪蚀龛深度确定

根据质量和水土混合物能量守恒，可以得到浪蚀龛深度 b：

$$b = 2\xi_m\sqrt{\varepsilon t} \tag{7.11}$$

式中，b 为浪蚀龛深度 (m)；ξ_m 为与温度有关的参数，$\xi_m = 0.0094T_d$；T_d 为库水水面线附近水温 (T_w) 与岸壁土体温度 (T_s) 的差值 (°C)，即 $T_d = T_w - T_s$；ε 为波浪的扩散系数，$\varepsilon = Rh_w\sqrt{gh_w}$；$R$ 为经验常数，取 0.4；g 为重力加速度 (m/s^2)；h_w 为库岸浅滩水深 (m)；t 为水库运营时间 (s)。

3) 浪蚀龛极限深度 b_l 确定

当岸坡坡度较大或浪蚀龛拱高很平缓时，$H_1 + H_2$ 远大于 h_g，可对浪蚀龛模型进行简化，即只考虑地面到浪蚀龛拱顶土体的影响，则沿 $H_1 + H_2$ 进行积分得到所选脱离体抗塌落阻力 Q。

$$Q = c(1 - 2\sqrt{K_a}\tan\varphi)(H_1 + H_2) + \frac{1}{2}K_a\gamma\tan\varphi(H_1 + H_2)^2 \tag{7.12}$$

脱离体重量 W 为

$$W = b_1\gamma\left(H_1 + \frac{1}{2}H_2\right) \tag{7.13}$$

根据平衡条件可得

$$Q = W$$

$$c(1 - 2\sqrt{K_a}\tan\varphi)(H_1 + H_2) + \frac{1}{2}K_a\gamma\tan\varphi(H_1 + H_2)^2 - b\gamma\left(H_1 + \frac{1}{2}H_2\right) = 0 \tag{7.14}$$

将 $H_2 = b_l\tan i$ 代入上式可得浪蚀龛极限深度：

$$b_l = \frac{B_1 + B_2 + B_3}{B_4} \tag{7.15}$$

式中，

$$B_1 = \gamma H_1(1 - K_a\tan\varphi\tan i);$$
$$B_2 = -c\tan i(1 - 2\sqrt{K_a}\tan\varphi);$$
$$B_3 = -\sqrt{[c\tan i(1 - 2\sqrt{K_a}\tan\varphi)]^2 + (\gamma H_1)^2(1 - K_a\tan\varphi\tan i)};$$
$$B_4 = K_a\gamma\tan\varphi\tan^2 i - \gamma\tan i$$

其余符号含义同前。

3. 毛细水上升高度 h_m 的确定

野外实地观察得出，一般砂土 h_m 为 0.5~1.0m，粉质亚砂土一般为 3~4m，亚粘土为 1~2m，粘土为 0.5~1m(表 7.1)。

表 7.1 毛细水上升高度经验数值表

土质名称	h_m/m	土质名称	h_m/m
粗砂土	0.02~0.04	亚砂土	1.20~2.50
中砂土	0.04~0.35	亚粘土	3.00~3.50
细砂土	0.35~1.20	粘土	5.00~6.00

土内颗粒间微细的空隙相互贯通，形成了无数的毛细管道孔道，存在于其中的水分附着于管道 (颗粒)，并产生表面张力。此张力沿重力作用的反方向上升，直至上升水柱的重量与表面张力平衡时才停止。此时水柱的高度称为毛细水上升高度。

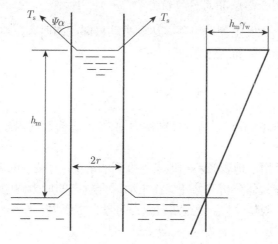

图 7.5 毛细水上升图

如图 7.5 所示，细管的半径为 r，水柱高度为 h_m(即毛细水头)，水的密度为 ρ_w，张力与毛细管道的夹角为 Ψ，根据静水力学定理，水柱重量与表面张力相等。

$$\pi r^2 h_m \rho_w g = 2\pi r T_s \cos \Psi$$

$$h_m = \frac{2T_s \cos \Psi}{r \rho_w g} \tag{7.16}$$

7.2.2 土体临界高度对库岸再造的影响

在土质岸坡库岸再造的后缘考虑土体在胶结作用下存在临界高度的影响，可以有效的避免解算难以收敛的问题，更为符合库岸再造的真实形态 (图 7.6)。

通过对库区的调查得知，土质岸坡再造的后缘均存在一定高度的垂直陡壁。在原始地面线与塌岸线的高差等于临界土体高度处，塌岸终止，实际再造范围较常规

图解法更小 (如图 7.6)。天然休止角越趋近于原始地面坡度, 常规图解法解得的再造宽度 S_1 和考虑土体胶结的库岸再造宽度 S_2 差值越大。

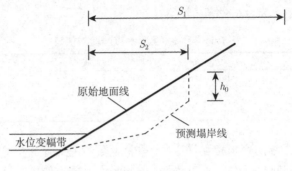

图 7.6   库岸再造宽度: $S_2 \ll S_1$

1. 地表水平时土体临界高度的确定

地表水平的土体发生侧向位移并达到主动极限状态时, 在地表一定深度内出现张拉裂缝, 裂缝深度 z_0(直壁高度) 为

$$h_0 = \frac{2c}{\gamma} \tan\left(45° + \frac{\varphi}{2}\right) \tag{7.17}$$

式中, h_0 为裂缝深度 (m); c 为土体粘结力 (kPa); φ 为土的内摩擦角 (°); γ 为土的容重 (kN/m³)。

这个公式也适用于地表倾斜和地表不规则的情况。对裂缝的方向, 一般均假定为竖直, 对此应作具体分析和修正。在主动朗金状态的应力圆中, 如图 7.7 所示, 对地表水平的半无限体而言, 竖直法向应力为最大主应力, 水平法向应力为最小主应力, 在深度 h_0 处 $\sigma_1 = \gamma h_0$, $\sigma_3 = 0$(图 7.8), 即

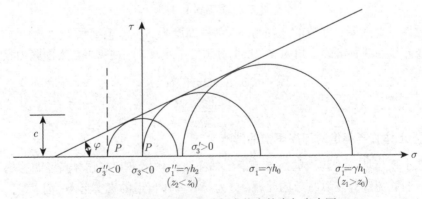

图 7.7   地表水平是主动朗金状态的摩尔应力圆

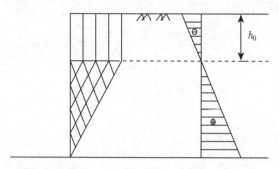

图 7.8　地表水平时沿深度水平主应力分布图

$$\sigma_3 = \gamma h_0 \tan^2\left(45° - \frac{\varphi}{2}\right) - 2c\tan\left(45° - \frac{\varphi}{2}\right) = 0 \tag{7.18}$$

得到

$$h_0 = \frac{2c}{\gamma}\tan\left(45° + \frac{\varphi}{2}\right) \tag{7.19}$$

式中各变量意义同前。

最大拉应力作用面为最小主应力 σ_3 作用面,也就是开裂面。而在这些应力圆中,极点均与 σ_3 点重合,故这时裂缝呈竖直方向。

2. 地表倾斜时土体临界高度的确定

对地表倾斜的半无限体而言,设地表倾角为 i,首先分析裂缝深度。

由普遍条件下的朗金理论可知,在地表倾斜的半无限体中 (倾角为 i),在深度 h 处,平行于地表的平面上,应力为 $\gamma h \cos i$,其方向竖直,即应力偏角为 i。

已知在主动极限状态下,h_0 深度处,$\sigma_3 = 0$,该处的应力圆即为图 7.9 中的应力圆。又知该点在平行地表 (倾角为 i) 的平面上的应力偏角为 i,故 A 点即表示该平面上的应力,而 P_0 点为应力圆的极点。从这个应力圆可以看出,$\sigma_3 = 0$ 时,$\sigma_1 = \gamma h_0$,因此,这个极限应力圆与地表水平时是一致的,故 h_0 仍为

$$h_0 = \frac{2c}{\gamma}\tan\left(45° + \frac{\varphi}{2}\right) \tag{7.20}$$

式中各符号意义同前。

在主动极限状态下,在受拉区,最小主应力 σ_3 作用面的方向就是裂缝的方向,图 7.9 中 P_0、P_1、P_2 是不同深度处极限应力圆的极点,故 P_{0a} 方向即为 h_0 处最小主应力面方向;P_{2c} 方向即为地表处最小主应力面方向,可见裂缝在 h_0 处方向竖直,在地表处垂直于地表面,呈曲面形状如图 7.10、图 7.11 所示,如果把裂缝视为竖直面,只能认为是在 i 不大时的一种近似假定。

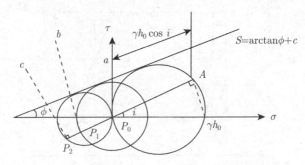

图 7.9　地表倾斜时主动朗金状态的摩尔应力圆

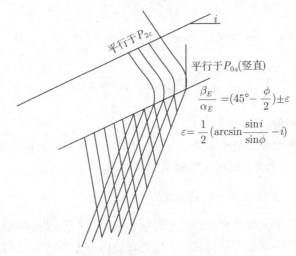

图 7.10　地表倾斜时的拉张裂缝

图 7.11　塌岸地表近垂直陡坎

7.2.3　卡丘金修正方法计算模型[57]

在考虑预测塌岸线顶部地表水平时 (图 7.12)，库岸再造预测计算公式为

$$S_2 = N[(A + h_\mathrm{p} + h)\cot\alpha + (h_\mathrm{s} - h)\cot\beta - (A + h_\mathrm{p})\cot i - h_0\cot\beta] \qquad (7.21)$$

式中，h 为波浪爬升的影响范围 (m)，$h = h_b + \max(h_\mathrm{g}, h_m)$；$h_0$ 为土体临界高度 (m)，$h_0 = \dfrac{2c}{\gamma}\tan\left(45° + \dfrac{\varphi}{2}\right)$；其余符号含义同前。

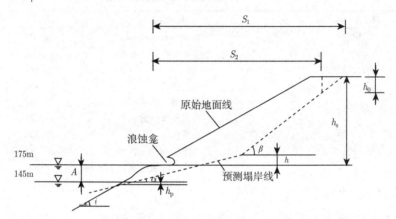

图 7.12　地表水平时卡丘金修正方法计算模型

在考虑地表倾斜时近垂直于地表的拉张裂缝后 (图 7.13)，此时的再造宽度预测公式为

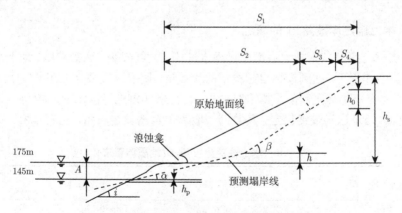

图 7.13　地表倾斜时卡丘金修正方法计算模型

$$S_2 = N[(A + h_\mathrm{p} + h)\cot\alpha + (h_\mathrm{s} - h)\cot\beta - (A + h_\mathrm{p})\cot i - (C + h_0\cos i\sin i)] \quad (7.22)$$

式中，$C = \dfrac{h_0\cos\beta\cos i - S_4\cos\beta\sin i}{\sin(\beta - i)}$；$S_4 = (h_\mathrm{p} + A + h)\cot\alpha + (h_\mathrm{s} - h)\cot\beta - (h_\mathrm{p} + A + h_\mathrm{s})\cot i$，其余符号含义同前。

7.2.4   水下稳定岸坡角 α 的确定

根据现有的水库资料调查分析,得出不同岩层所形成的水下岸坡倾角,来确定预测库岸边坡的水下岸坡角。通过数十处水库的调查,发现不同岩层组成的水下稳定岸坡角也不相同,但总的规律为细颗粒材料所组成的水下稳定岸坡角比粗粒颗材料小,地层越密实所形成的水下稳定岸坡坡角越大,见表 7.2。

表 7.2   水下稳定坡角 α(地质调查法)

岩 (土) 体名称	颗粒性质	$\alpha/(°)$
粉细砂	中密 $e = 0.6 \sim 0.75$	12~21
中粗砂夹角砾	中密 $e = 0.55 \sim 0.65$	15~24
粘土砂粘土	中密 $e = 0.6 \sim 0.9$	18~27
粘土、砂粘土、夹碎 (卵) 石、 角 (圆) 砾	石质含量 >35%	27~30
	石质含量 20%~35%	24~27
	石质含量 <20%	21~24
碎 (卵) 石土	石质含量 >70%	33~36
	石质含量 60%~70%	30~33
	石质含量 <60%	27~30
漂 (块) 石、卵 (碎) 石土	全胶结	45~50
	半胶结	40~45
弃渣	粒径 3~30cm, 含量 >90%	34~36
石英云母片岩	粒径 ≥01015mm, 含量 >80%	20~26
石英闪长岩	粒径 ≥01015mm, 含量 >83%	26~32
晶屑流纹质凝灰熔岩	粒径 ≥01015mm, 含量 >70%	28~36

7.2.5   水上稳定岸坡角 β 的确定

水上稳定岸坡角指坍岸后库岸在雨水冲刷、大气湿热、冻融破坏、地下水浸蚀等自然营力作用下,达到最终自然稳定的岸坡角,使用地质调查法在岸坡区进行测量。由于库岸破坏达到新的平衡需时很长,目前所实测的库区水上岸坡角多为极限稳定坡角,尚未达到最终稳定,其数值一般大于自然稳定坡角,见表 7.3。

表 7.3   水上稳定岸坡角 β(地质调查法)

岩 (土) 体名称	颗粒组成	β实测值 /(°)	β终止值 (天然) /(°)
粘土	粒径 <0.02mm	58~80	60
砂粘土	粒径 >0.02mm	55~70	55
砂夹卵石	含砂量 ≥70%, 卵石含量 <30%	40~62	40
弃渣	粒径 ≥0.015mm, 占 90%以上	45	45~42
石英云母片岩	粒径 ≥0.015mm, 占 90%以上	32~35	25
石英闪长岩	粒径 ≥0.015mm, 占 90%以上	50~55	42
晶屑流纹质凝灰熔岩	粒径 ≥0.015mm, 占 90%以上	45~50	44

7.3 库岸再造稳定时限

库岸再造属于岸坡地貌演化过程的一部分，当库水位作用下应力重分布达到新的平衡时便实现一个周期的稳定，即库岸再造稳定时限。根据三峡库区蓄水情况，基于岸坡再造发育过程及浪蚀龛深度函数进行库岸再造稳定时限预测 (图 7.14)，可为移民安置、交通设施、库岸防护等工程规划设计、建设管理提供科学依据。

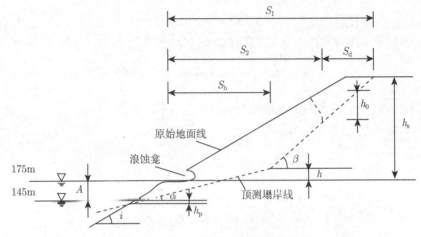

图 7.14 库岸再造稳定时限计算模型

前面已根据波浪理论和岸坡力学模型研究得到浪蚀龛深度函数及其极限深度 b_l，则由 (7.11) 式可得浪蚀龛的发育时间 t：

$$t = \frac{b_1^2}{(2\xi_{\mathrm{m}})^2 R h_{\mathrm{w}} \sqrt{g h_{\mathrm{w}}}} \tag{7.23}$$

$$b_k = \frac{B_{1k} + B_{2k} + B_{3k}}{B_{4k}} \tag{7.24}$$

式中，$B_{1k} = \gamma H_{1k}(1 - K_a \tan\varphi \tan i)$；$B_{2k} = -c \tan i(1 - 2\sqrt{K_a} \tan\varphi)$；$B_{3k} = -\sqrt{[c \tan i(1 - 2\sqrt{K_a} \tan\varphi)]^2 + (\gamma H_{1k})^2(1 - K_a \tan\varphi \tan i)}$；$B_{4k} = K_a \gamma \tan\varphi \tan^2 i - \gamma \tan i$，其余符号含义同前。

由库岸再造稳定时限计算模型 (图 7.14) 可知，波浪冲蚀总长 S_{b}：

$$S_{\mathrm{b}} = S_1 - (h_{\mathrm{s}} - h) \cot\beta \tag{7.25}$$

又 $S_1 = (A + h_{\mathrm{p}} + h) \cot\alpha + (h_{\mathrm{s}} - h) \cot\beta - (A + h_{\mathrm{p}}) \cot i \tag{7.26}$

故 $S_{\mathrm{b}} = N[(A + h_{\mathrm{p}} + h) \cot\alpha + (h_{\mathrm{s}} - h) \cot\beta - (A + h_{\mathrm{p}}) \cot i - (h_{\mathrm{s}} - h) \cot\beta] \tag{7.27}$

式中符号含义同前。

由图 7.4 可知，浪蚀龛前部岸壁高度 H_1 与浪蚀龛深度 b 的关系为

$$
\begin{aligned}
b_k &= f(H_{1k}) \\
&= \frac{\gamma H_{1k}(1 - K_a \tan\varphi \tan i) - c\tan i(1 - 2\sqrt{K_a}\tan\varphi)}{K_a\gamma\tan\varphi\tan^2 i - \gamma\tan i} - \\
&\quad \frac{\sqrt{[c\tan i(1 - 2\sqrt{K_a}\tan\varphi)]^2 + (\gamma H_{1k})^2(1 - K_a\tan\varphi\tan i)}}{K_a\gamma\tan\varphi\tan^2 i - \gamma\tan i}
\end{aligned}
\tag{7.28}
$$

其中，$H_{10} = 0$，$H_{1(k+1)} = H_{1k} + b_k \tan i$，$k \in [0, n]$。

岸壁前部浅滩深度 h_k 与浪蚀龛深度 b_k 的关系为

$$
h_0 = S_b\tan\alpha; h_{k+1} = h_k - b_k\tan\alpha, \ \text{其中} \ k \in [0, n]
\tag{7.29}
$$

当 $\sum_{k=0}^{n} b_k = S_b$ 时，得到库岸坍塌总时长 T：

$$
\begin{aligned}
T &= \sum_{k=0}^{n} \frac{b_k^2}{3.11 \times 10^7 \times (2\xi_m)^2 R h_k \sqrt{gh_k}} = \frac{b_0^2}{3.11 \times 10^7 \times (2\xi_m)^2 R h_0\sqrt{gh_0}} \\
&\quad + \sum_{k=1}^{n} \frac{f^2(H_{1(k-1)} + b_{k-1}\tan i)}{12.44 \times 10^7 \times \xi_m^2 R\sqrt{g}(h_{k-1} - b_{k-1}\tan\alpha)^{\frac{3}{2}}}
\end{aligned}
\tag{7.30}
$$

式中，T 为库岸坍塌总时长 (a)；其余符号含义同前。

为了便于应用于工程实际中，进行了相应简化，假定每次发生坍塌时发育的浪蚀龛极限深度相同，则库岸坍塌总时长 T：

$$
T = \frac{nt_z}{12 \times 30 \times 24 \times 60 \times 60} = \frac{S_b}{3.11 \times 10^7 b_1} \times \frac{b_1^2}{(2\xi_m)^2 R h_z\sqrt{gh_z}}
\tag{7.31}
$$

式中，T 为库岸坍塌总时长 (a)；t_z，h_z 分别为波浪冲蚀宽度的中点处浪蚀龛发育的时间和浅滩水深，其余符号意义同前，$h_z = \frac{1}{2}S_b\tan\alpha$，将其代入 (7.31) 式可得

$$
T = \frac{b_1}{3.11 \times 10^7 R\tan\alpha\xi_m^2\sqrt{2gS_b\tan\alpha}}
\tag{7.32}
$$

根据三峡水库的调度情况，水库于每年 10 月从 145m 水位蓄水至 175m 水位，于每年 5 月从 175m 水位降落到 145m 水位。因此在水库周期性蓄水降水情况下，库岸再造稳定时限 T_w 为

$$
T_w = \begin{cases} T + 0.5[2T] \ [2T] \neq 2T \\ T + 0.5([2T] - 1) \ [2T] = 2T \end{cases}
\tag{7.33}
$$

式中，[ ] 表示取整函数。

第8章 土质岸坡变形破坏浸泡-渗流耦合驱动理论工程应用——宁江岛造地型护岸工程

8.1 工程概况

宁江岛造地型护岸工程位于巫山县大宁河与长江的交汇处,现巫山码头东侧,属于水库岸坡人工造地,面积约 66700m²(100 亩),是一个以库岸防护为主,同时结合土地开发利用并具有重要景观价值的综合库岸防治工程。该工程主要利用县城就地后靠迁移形成的大量弃土在巫山县大宁河入口处进行库岸的防护,提高城区用地面积,实现造地功能,采用抛石护脚、堆石坝、碾压回填土、坡面防护、重力式挡墙等 5 种技术措施填土。宁江岛回填工程自 2007 年 7 月开始填筑,历时一年,与三峡水库在 145m 至 175m 之间进行蓄水或泄流基本同步,工程设计效果如图 8.1 所示 (后附彩图)。

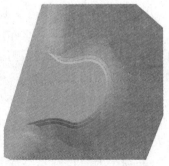

图 8.1 宁江岛造地型护岸工程效果图 (后附彩图)

8.1.1 自然地理概况

1. 地理位置

重庆位于北纬 28°10′ 至 32°13′,东经 105°11′ 至 110°11′ 之间,有丰富的自然资源,与湖北、湖南、贵州、四川、陕西等地接壤,重庆作为举世闻名的山城,是西南地区重要的水陆枢纽中心。巫山县位移重庆东北部东西与巴东县和奉节县相接,南北接壤于建始县和神农架林区,县境东西最大距离 61.2 公里,南北最大距离 80.3km, 总面积达 2958km^2, 巫山县处于三峡库区的中心, 受库水位影响巨大, 三峡蓄水后, 巫山县形成了一系列湖泊景观, 如凝翠湖、大昌湖、琵琶湖、双龙湖等, 具有重要观赏价值, 推动了巫山县当地的经济, 带动了当地的景观旅游事业的发展, 距巫山县中心 130 公里范围内也有着各种著名的天然风景区, 如三峡大坝、神农架、神女溪、天坑地缝等, 每年吸引了大量的游客前来观赏。而著名的回填工程宁江半岛地处于县城滨江区域, 为环湖大道外侧最大的填土工程, 大宁湖滨江最重要的景观观赏点。

2. 地形地貌

场址所在处由于库水的侵蚀和堆积形成长江二级阶地, 地形原为一小山包, 地面标高达 120.45 ~ 165.28m, 高差约 45m。宁江岛所在区域地形较为平坦, 第四系地层主要为素填土层、老粘性土与碎块石土层, 基岩多为粉砂岩。由于本工程为回填工程, 回填后地形标高将达到 175.5m, 存在大面积加载的特点, 在实际工程施工前必须进行稳定性验算。

3. 地层岩性

巫山县宁江岛岸坡由第四系人工堆填层、冲积粘性土层、残坡积碎块石土层组成, 基岩为三叠系中统巴东组第二段紫红色粉砂岩、粉砂质泥岩。表层素填土较松散, 压缩性高, 堆填方式多为抛填, 堆填时间较短, 土的差异性交大, 均匀性差, 因而边坡回填后是边坡破坏时滑动面 (带) 发育的主要土层。粉质粘土压缩性中等, 具有较高承载力, 有相当的抗剪强度, 但该层厚度大且连续发育, 该层土也是边坡滑动面 (带) 发育的主要土层。

根据现场勘查资料结合地区经验, 宁江岛岸坡岩土体物理力学性质总结如下:

① 素填土 (Q_4^{ml}): 较松散, 压缩性高, 堆填方式为抛填, 堆填时间短, 土性差异较大, 均匀性差。边坡回填后是边坡破坏时滑动面 (带) 发育的主要土层。

② 粉质粘土 (Q_4^{al}): 压缩性中等, 具有较高承载力, 有相当的抗剪强度, 但该层厚度大、连续发育。边坡回填后亦是边坡破坏时滑动面 (带) 发育的重要土层。

③ 残坡积碎块石夹粘土 (Q_3^{el+dl}): 具有低压缩性, 承载力、抗剪强度高的特点。由于埋藏较深, 在该层内出现滑动破坏的可能性低。

④ 紫红色粉砂质泥岩、粉砂岩 (T_2b^2): 压缩性低, 承载力、抗剪强度高。基岩顶部高程最为标高 149.78m, 平均高程 116.63m。强风化厚度一般在 2 ~ 5m, 由于埋藏较深, 强度较大, 在该层内出现滑动破坏的可能性很小。此外在碎块石土与粉质粘土之间, 局部地段还存在一些素填土地。

各土层的物理力学指标综合统计值表 8.1。

表 8.1　承载力特征值与压缩模量综合成果表

层号	岩土名称	天然重度/(kN/m³)	饱和重度/(kN/m³)	标贯击数标准值/击	承载力标准值/kPa	标准值 N'/击	
						承载力特征值/kPa	压缩模量 Es/MPa
①	素填土	19.8	20.4	13.1	-	150	6.5
②	粉质粘土	19.7	20.3	15.0	-	400	15
③	碎块石土	22.5	22.9	13.3	-	400	$E_0=26.0$
④	强风化岩层	-	-	-	-	450	$E_0=43.0$

4. 地质构造

宁江岛区域所在流域地貌大致可以分为构造-溶蚀地貌和溶蚀-构造地貌两个亚区。该亚区分布于中下游 (西溪河及其以南),主要为碳酸盐出露区。位于巫同山向斜南东翼,岩层产状 246°∠31° 山脉、水系及各种岩溶地貌的发育方向,基本与构造线方向一致。自北向南彼此平行的山脊逐级下降,由高程 2200m,2000m,1800m 降至 1500m,东部最高 2796.8m,西部最高 2586.4m。

场区岩溶较为发育,主要以凤凰-巫溪一线以南、竹园-庙峡以北为主要构造-溶蚀地貌发育区域,峰丛洼地、岩溶槽谷、漏斗、落水洞、暗河、盲谷、干谷、悬谷较为发育,地貌组合为峰脊-谷地。上游东溪河主要为溶蚀-构造地貌发育区,碳酸盐岩与碎屑岩交替分布,表现为岭谷相间的陇岗地貌,经溶蚀后形成谷地。

5. 水文地质条件

巫山地区夏季雨水充沛,多年平均降雨量为 1222mm,日最大降雨量达 199mm,峡谷地形封闭,夏季多雨,是全国的暴雨中心之一,降雨后是滑坡等地质灾害较为频繁,降雨主要集中在 5~9 月。多年平均风速 2.87m/s,最大风风速 20m/s(1961年 8 月 9 日),常风向为东南风,频率 39%,其次为北风。巫山县水位高程在三峡大坝建成以前的水位情况见表 8.2。三峡大坝计划于 2009 年建成以后,三峡大坝的正常水位变化以及巫山县城的水位变化见表 8.3。宁江岛造地范围内除人工回填土内赋存少量潜水外,其他土层多为隔水层,地下水贫乏。地下水的主要补给来源为水库水、大气降水。地表水主要以水库水为主,地表径流汇水面积很小,地表径流量小。根据初勘的水质分析结果和邻近场地资料,地下水和土对砼无腐蚀性,对钢结构具弱腐蚀性。

表 8.2　三峡大坝施工期间巫山县城水位表

坝前水位	时段	设计高水位/m	设计低水位/m
135m	2003~2007 年	143.2	135.1
156m	2003~2009 年	156.3	135.1
175m	2009 年汛后	175.1	145.1

表 8.3   三峡大坝建成以后巫山县城水位表

坝前水位	接 20%洪水水位线	接 20%洪水水位线	接 5%洪水水位线	接 2%洪水水位线	接 2%洪水水位线
坝前水位	135	145	156	162	175
巫山水位	135.1	145.1	156.3	162.2	175.1

8.1.2 造地型岸坡稳定性影响因素

宁江岛岸坡作为造地型填土岸坡，长期受库水浸泡、水位周期性涨落的影响，岸坡稳定性必然发生显著变化。影响岸坡失稳的因素无外乎土体下滑力增加或土体抗剪强度降低。引起下滑力增加的因素主要有：① 坡顶荷载；② 自重增加；③ 水压力增加。由于外界因素作用下，车辆运行，土体堆载等都将增加坡顶荷载，降雨引起雨水入渗至坡体内造成坡体自重增加，地下水渗流同时也会增加动水压力值，当雨水渗入坡体内裂缝中时，随着积水的增加将产生一个侧向静水压力，上述这些因素都将导致坡体下滑力增加。

引起土体抗滑力降低的因素主要归纳有：① 土体结构改变；② 土体含水量增加；③ 地震。受气候因素影响如降雨造成岸坡土体浸泡，土体结构发生改变，颗粒间距增大，土质变松软，水的入渗导致含水量的增加，在水的润滑作用下土体颗粒间的摩擦力降低，此外地震对砂质坡体有振动液化作用，也会降低土体抗滑力。

从上述影响因素来看总的归纳为水文地质条件对岸坡稳定性影响最大，主要表现在降雨入渗、雨水冲刷、地下水渗流方式。降雨强度的大小以及历时长短直接决定了地下水入渗量大小，降雨强度越大，地下水入渗量越大，当降雨强度较小，但历时较长同样能达到较大的入渗量，同理历时短但降雨强度大同样会导致崩塌、滑坡等地质灾害的产生，含水量的增加导致岸坡自重荷载的增加，加速岸坡的滑动，周期性的雨水浸泡作用弱化了岸坡土体力学性质。降雨过程中及降雨后，雨水在重力作用下不断入渗，而基岩裂隙成为地下水的主要储存场所，裂隙中水的积聚产生较大的水压力，不利于岸坡稳定，目前绝大部分滑塌事故都是由于降雨诱发的。

1. 库水作用

水库岸坡是指受水库蓄水影响的库岸斜坡岩土体。为了满足下游发电、供水、防洪需求，水库需要进行调蓄，相应岸坡的水文地质条件与之前产生较大差异，水库运行期间库水位的涨落改变了动水、静水压力，地应力及岩土体强度均发生弱化，岸坡内应力进行重分布，岩土体产生新的变形，从而促使地质薄弱区发生崩塌、滑坡等地质灾害。库水对岸坡的作用主要分为四个方面 [58]，即浪蚀作用、流水冲刷作用、浮力减重和动水压力作用、浸泡软化作用。

1) 库水浪蚀作用

库水的涨落带动水位的上下周期性变动,形成的波浪及其所携带的碎屑物质产生强大的冲击力,对岸坡底部产生强烈的磨削作用。

2) 流水冲刷作用

岸坡体受库水的周期性浸泡,使得坡体内的渗流场反复变化,在库水的流动冲击作用下坡脚垂直下切及坡面横向展宽,坡体底部被冲刷淘蚀,使得上部岸坡坡体临空,底部失去支撑,造成局部下错坍塌,岸线后退,坡体原有的平衡遭受破坏,从而产生崩塌和滑坡。

3) 浮力减重作用

水库开始蓄水时,岸坡下部首先被淹没,岩土体含水量增大,水渗入裂隙岩体或土体,造成岩土体内的有效应力降低,使下部岩体达到饱和容重而失去足够的抗滑阻力而失稳,同时水位的抬高会对隔水层形成一个向上的浮托力,浮力作用使滑坡体有效重量减小,一方面减小了下滑力,利于滑坡稳定;另一方面,库水的入渗降低了岸坡土地的有效重度,整体抗滑力降低,不利于滑坡稳定。

4) 动水压力作用

随着库水的入渗,水在岸坡体中发生渗流,受到与水流方向相反的土颗粒阻力作用,岸坡内水位呈现周期性涨落,属于非稳定流,在补给区的坡顶水力梯度小于零,在径流区水力坡度等于零,在排泄区地坡脚水水力梯度大于零,补给区水体入渗带动包气带土体的渗流运动,使得有效应力大于总应力,库水从坡体表面入渗,从坡脚处排出,使得坡脚处土体承受很大的动水压力,岸坡容易产生失稳。

5) 浸泡软化效应[59]

水库初期蓄水后,库水位得到很大的抬升,原来相对干燥的库岸边坡受到库水的浸泡作用,前缘岸壁首先发生软化,产生崩解、陡壁坍塌等现象。在库水的循环浸泡作用下,岸坡体内各土层受到浸泡而发生一定程度的软化,土体含水量增加会产生润滑作用,削弱土体的抗剪强度,随着库水位的周期性涨落,岩土体产生疲劳损伤,抗剪强度参数随着水位周期性变动次数而发生劣化,岸坡稳定性降低,库水影响下岸坡滑动破坏图见图 8.2 所示。

水库周围岸坡在水库初次蓄水时,其自然环境和水文地质条件都将发生改变。岸坡岩土体随着浸泡时间的增长,部分土体逐渐达到饱和状态,地下水位上升,使坡体内动、静水压力发生变化以及岸坡表面的冲刷作用,都将改变原有岸坡的稳定性,引起库岸的变形和破坏。经过一段时间后,库岸将在新的环境下重新达到稳定。

库水位的抬高改变了地下水的活动规律:一方面提高了地下水压力,另一方面扩大了地下水的活动范围,其结果是减少滑面上的有效应力,使得抗滑力不足以抵抗下滑力而维持岸坡的稳定。三峡水库调蓄作用下,水位的上涨带动坡体地下水位的抬升，坡体内部分土层受水的浸泡作用，弱化了土的物理力学性质，导致抗剪强度降低，加之库水涨落带来的周期性冲刷淘蚀，使得岸坡稳定性受到威胁，库水对岸坡体的作用使得岸坡土体发生应力重分布，局部会发生变形破坏，为了在新的水文地质条件下依旧维持稳定，岸坡形态会有所改变。

图 8.2　库水作用下的岸坡滑动破坏

库水位快速下降时，坡体内的孔隙水来不及随库水位的下降而排出，地下水位下降滞后于库水位，形成较大的静水压力，坡体内仍维持较高的浸润面，随着地下水坡降的增大而形成渗透压力，同时库水对岸坡的挤压力消失，减少抗滑力的同时增加了下滑力，容易导致岸坡失稳。

地下水对岸坡的破坏作用表现在三个方面：

第一，有效应力降低，土体颗粒间的摩擦力减小，进而导致抗滑力降低；

第二，库水入渗产生的动水压力对潜在滑面以上坡体产生反作用力，随着入渗的增加，孔隙水压力值升高，增大其下滑力；

第三，破顶部岩土体发育有张裂隙或基岩存在裂隙充水后产生孔隙水压力，而后形成"水楔作用"，加速了裂隙的扩展，导致岸坡失稳。

2. 降雨作用

降雨对岸坡的稳定性影响主要包括以下两个方面[60]：一是雨水入渗产生的渗流作用破坏了岸坡原有的平衡，二是雨水的长时间浸泡软化了岸坡土体，降低了土体的抗剪强度。雨水在重力作用下渗入岸坡土体中，部分土体由饱和转变为非饱和，土体含水量的增加造成土体自重的增加，对下伏土层的荷载作用力越大，同时水的渗流作用所产生的动水压力会增大岸坡的下滑力，裂缝中容易赋存积水，产生侧向静水压力，这些都会在一定程度上增加土体剪应力，不利于边坡稳定。暴雨期间，来自库岸流域内的地表水迅速上升，岸坡地下浸润线相应抬高，使岩土体富水、饱水、自重加大，引起岸坡岩土体软化，强度降低，进而引起岸坡整体稳定性的不利变化，为塌岸的发生创造条件。

3. 人类工程活动

除了库水、降雨入渗等对岸坡稳定性有一定影响外，相关的人类工程活动也起到了一定作用，宁江岛场区的人类工程活动主要有开挖填筑、加固防护、建筑荷载等。

1) 开挖填筑

本书主要研究造地型填土岸坡，施工过程要对岸坡进行开挖回填，而在实际开挖施工后往往不能马上进入下一步回填施工，开挖表面暴露在大气中，受外界因素影响，岸坡表面受雨水冲刷或阳光暴晒等影响，土体性质发生改变，容易发生变形破坏，此时很有可能发生失稳滑动，因此在开挖过程中也要对岸坡进行防护，开挖方式选择及方案的确定都将影响岸坡稳定性和施工进度，必须要确定一个合理的开挖方案，在保证开挖施工安全的前提下，降低施工成本。

2) 加固防护

岸坡开挖填筑后要进行防护或支挡加固工程的修筑，并考虑工程的重要性及社会效应来指定具体的防护措施，防止岸坡发生变形破坏或发生变形破坏后不再继续恶化。加固防护的方法较多，目前主要有排水、喷锚加固、减重和加载、设置抗滑桩等。其中排水工程可以采用平孔排水和虹吸排水、支挡工程可以用大直径抗滑桩、锚索抗滑桩、微型桩群、全埋式抗滑桩、悬臂式抗滑桩和土钉墙等方法。此外还可以对通过钻孔爆破、焙烧、化学加固、电渗排水等方法提高滑带土强度的方法防止滑坡滑动，实际工程中岸坡加固见图 8.3。

图 8.3　岸坡加固工程

3) 城市建设

宁江岛回填工程完成后，增加了 100 亩作用的可用土地资源，造地形成的新区域将被用于城市建设或工农业生产用地,上部建筑荷载增大,宁江岛造地人工岛屿形成后,将大规模兴起城市建设,人类工程活动频繁,形成新的旅游景观,这一系工程建设活动必将影响岸坡稳定性,所以要保证安全的前提下又要增加经济和社会效益。

8.2　造地型岸坡变形破坏机制

8.2.1　开挖回填过程中岸坡变形破坏特性[61]

岸坡破坏的全过程主要是刚开始的一点发生破坏再逐渐扩展到部分区域,然后发生局部破坏,最终造成岸坡整体滑动。本书主要研究的是填土造地型岸坡,在形成新岸坡前经历了开挖和回填,对原岸坡进行开挖卸荷后岸坡体内形成新的应力状态,经过碾压回填后应力状态又发生改变,同时外界因素如降雨、库水位变化、渗流作用等也对岸坡体内的应力状态有一定的影响,因此明确回填过程岸坡的应力状态变化变化规律对岸坡稳定及防护有着重要意义。

在实际工程中常常会对岸坡进行开挖施工,而在岸坡开挖过程中,实际是一个卸荷过程,在开挖前后,岸坡体应力发生重分布,岸坡原有稳定状态发生扰动,开挖后的岸坡稳定性直接关系到整个施工安全、进度以及成本费用等,因此在开挖过程中对岸坡稳定性进行一个综合评价分析是非常重要的。而岸坡开挖前后应力应变的变化规律是研究岸坡稳定性的基础条件,准确评价和预测岸坡的稳定状况和发展趋势将为岸坡的处理措施提供可靠的依据。随着计算机技术的发展带动了数值分析计算的更新,考虑到库水渗流影响,采用 Geo-studio 模拟软件对宁江岛岸坡开挖和回填进行模拟开挖过程中岸坡体内应力应变变化情况。

1. 地质模型

利用 Geo-studio 模拟软件对岸坡开挖回填前后的应力应变变化规律进行模拟,深入地揭示了岸坡开挖回填过程中应力重分布对岸坡稳定性影响的变化规律,明确开挖回填过程中岸坡的破坏机制。为了增加岸坡的稳定性,目前实际工程中对于填土岸坡与原岸坡的接触界面处的处理方式主要采用开挖台阶的方式,根据规范开挖宽度一般为 2m,在此建立岸坡开挖分区填土的地质模型。

以宁江岛岸坡为基准,开挖填土前,岸坡左侧高度为 57m,为了方便起见,坡底高程统一取 107m,右侧坡高为 12m,地下水位埋深取 145m 低水位。开挖过程中,沿原坡面设置成宽度为 2m 的台阶状,开挖台阶区域位于 145m 至 156m 高程之间通过在原岸坡表面开挖台阶,使填土体有效地楔入原岸坡土体内,以增加填土体与原岸坡的摩擦系数,具体几何模型如图 8.4 所示。

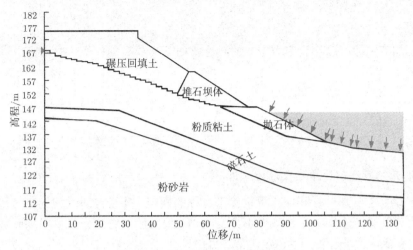

图 8.4 宁江岛填土岸坡地质模型

2. 本构模型

本构关系主要是指应力 — 应变 — 强度 — 时间的关系，线弹性材料本构关系服从广义胡克定律，应力应变在加卸载时呈线性关系。对宁江岛岸坡进行数值应力分析时主要用的是 Sigma/W 模块，任何应力分析前都要选定一种合适本构模型，由于土体材料刚度、力学性质、允许位移等的不同选取合适的本构模型直接关系到模拟结果的准确与否，Sigma/W 包括六类本构模型，其中应力与应变成正比的线弹性模型是最简单也是应用最广发展最为成熟的本构模型，本书就是基于此展开一系列数值模拟分析。

将土体作为线性弹性模型来解决岩土工程中的问题时首先要确定土的弹性模量 E 和泊松比 v，或体积变形模量 K 和剪切模量 G，对土体施加一个垂向压力 σ_z 时，土体发生垂直向压缩和侧向膨胀，设 ε_x，ε_y，ε_z 分别为 x，y，z 方向的应变，取压缩为正，可以得到

$$E = \frac{\sigma_z}{\varepsilon_z} \tag{8.1}$$

$$v = -\frac{\varepsilon_x}{\varepsilon_z} \tag{8.2}$$

$$G = \frac{\tau_{zx}}{\gamma_{zx}} \tag{8.3}$$

所以只要已知线弹性模型的两个参数就可以推求出第三个，同时由叠加原理可得各个应变分量：

$$\varepsilon_x = \frac{1}{E}[\sigma_x - v(\sigma_y + \sigma_z)] \tag{8.4}$$

$$\varepsilon_y = \frac{1}{E}[\sigma_y - v(\sigma_x + \sigma_z)] \tag{8.5}$$

$$\varepsilon_z = \frac{1}{E}[\sigma_z - v(\sigma_x + \sigma_y)] \tag{8.6}$$

由胡克定律可以得到应力应变的表达式如下:

$$\left\{ \begin{array}{c} \sigma_x \\ \sigma_y \\ \sigma_z \\ \tau_{xy} \end{array} \right\} = \frac{E}{(1+\nu)(1-2\nu)} \left[\begin{array}{cccc} 1-\nu & \nu & v & 0 \\ \nu & 1-\nu & \nu & 0 \\ \nu & \nu & 1-\nu & 0 \\ 0 & 0 & 0 & \dfrac{1-2\nu}{2} \end{array} \right] \left\{ \begin{array}{c} \varepsilon_x \\ \varepsilon_y \\ \varepsilon_z \\ \gamma_{xy} \end{array} \right\} \tag{8.7}$$

3. 开挖回填前后岸坡应力场分析

本专著主要是进行开挖和填筑施工过程的模拟,要获得卸除和施加荷载相应的应力应变相应采用的是荷载变形分析类型,研究绝大数应力应变问题时都要进行原位初始应力场分析,而 Sigma/W 中有一个特殊的分析类型叫 "原位" 分析,采用 Insitu 计算岸坡体的初始应力场,因为该模型主要研究 145m 低水位静水压力状态下应力应变变化规律,故初始孔隙水压力直接采取人工画初始水位线,从图中可以看出,在开挖前,岸坡体在自重未扰动状态下应力已达到平衡,整个应力分布与岸坡土层性质和岸坡外型基本一致,处于稳定状态。

1) 初始状态下的网格划分

该模型采用四边形单元划分网格,总共包括 1598 个单元,1639 个节点,设置边界条件时岸坡两侧均设置的是水平约束,即在竖向上可产生变形,而岸坡底部为固定支座约束,表面为自由面,不受约束,具体网格划分见图 8.5 所示 (后附彩图)。

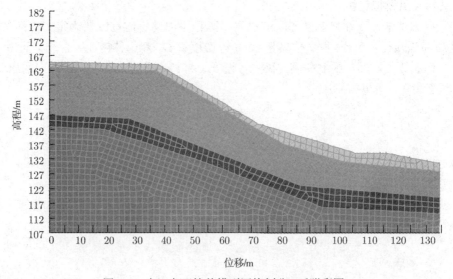

图 8.5　宁江岛开挖前模型网格划分 (后附彩图)

2) 应力场和开挖应力场

首先进行原位初始应力场分析，该状态下不受外界因素扰动，岸坡土体只在自重的情况下达到平衡状态，以此为基础分析开挖台阶前岸坡体内的应力应变场变化情况，初始应力分布见图 8.6(后附彩图)，开挖台阶后的应力及位移分布见图 8.7 和图 8.8(后附彩图)。

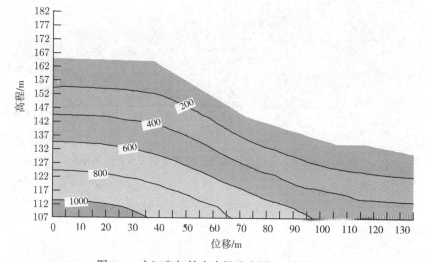

图 8.6　宁江岛初始应力场分布图 (后附彩图)

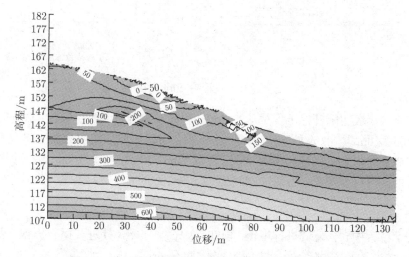

图 8.7　宁江岛开挖台阶后的应力分布图 (后附彩图)

实际工程中开挖台阶不可能在短时间内完成，所以要考虑时间对岸坡体内应力分布的影响，假定开挖时间为 10 天一个周期，取 40m 处典型断面为研究对象，观察 10 天内应力的逐步变化情况见图 8.9 所示。

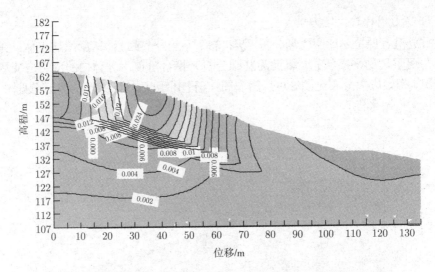

图 8.8　宁江岛开挖台阶后竖向位移分布图 (后附彩图)

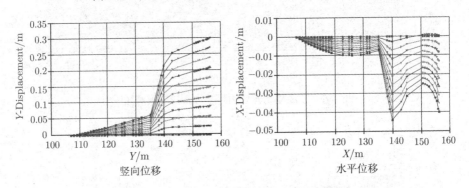

图 8.9　宁江岛开挖台阶过程中 40m 断面处位移分布图

宁江岛岸坡实际开挖工程是从 147m 高程处开始开挖台阶至坡顶, 对应的水平开挖位移为 0m 至 67m 处, 开挖台阶后必然会引起岸坡体内应力发生重分布, 为了研究岸坡体内各处的应力变化情况, 选取 20m, 40m, 60m, 100m 这 4 个断面分析各处的应力应变情况, 见图 8.10。

3) 回填应力场

回填过程中, 分区域进行填土, 现在 145m 至 147m 处进行抛石护脚, 设计坡比为 1:2.0, 在 147m 至 160m 之间为堆石坝区, 坝高 13m, 坝顶宽 5m, 分为主堆石坝和次堆石坝区, 迎水面坡比 1:1.5, 背水面坡比为 1:1; 在堆石坝以上采用碾压回填土填筑至高程 175m 处, 回填土夹石坡迎水面坡比为 1:1.5, 分区填筑过程中的应力及位移分布见图 8.11 至 8.15 所示 (图 8.11 至图 8.13 见后附彩图)。

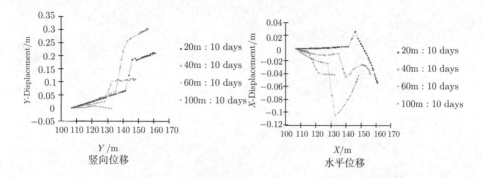

图 8.10 宁江岛开挖完成后四个断面处的位移分布图

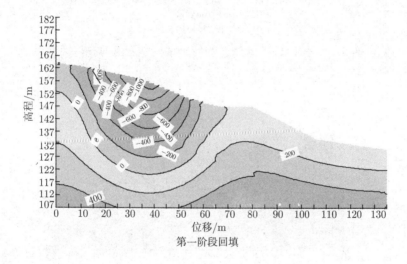

第一阶段回填

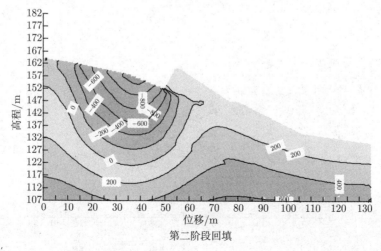

第二阶段回填

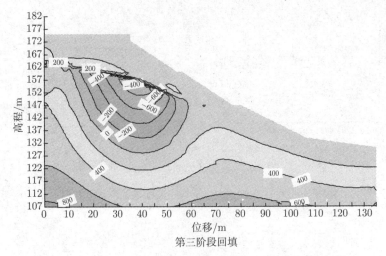

第三阶段回填

图 8.11　宁江岛分区填筑过程中岸坡应力分布图 (后附彩图)

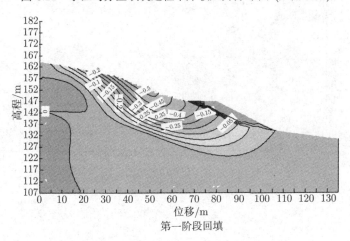

第一阶段回填

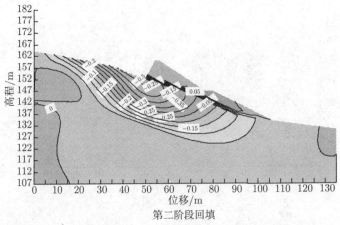

第二阶段回填

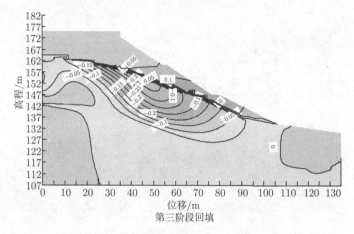

第三阶段回填

图 8.12 宁江岛分区填筑过程中岸坡水平位移分布图 (后附彩图)

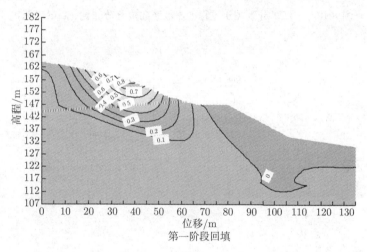

第一阶段回填

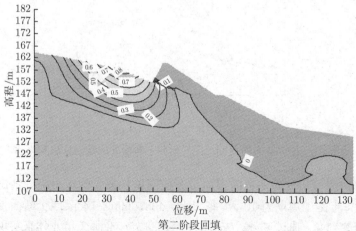

第二阶段回填

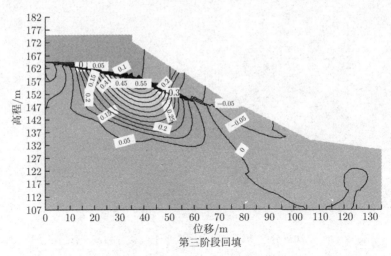

图 8.13   宁江岛分区填筑过程中岸坡竖向位移分布图 (后附彩图)

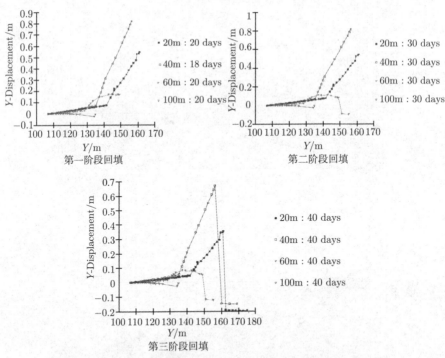

图 8.14   宁江岛各阶段回填完成后四个断面处的竖向位移变化图

采用分时段分析法对不同阶段岸坡开挖回填状态下的应力应变情况, 分四步进行模拟, 每步施工周期为 10 天, 取 20m, 40m, 60m, 100m 四个断面处各点的应力应变为研究对象, 通过 Sigma/W 软件 "激活" 与 "催眠" 单元体来实现岸坡的开挖和回填模拟,最终得到实际填土造地过程中岸坡体内的应力应变变化规律。

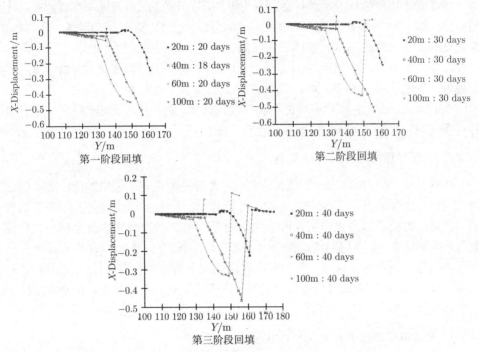

图 8.15 宁江岛各阶段回填完成后四个断面处的水平位移变化图

4) 开挖回填过程中的应力变化特性

开挖台阶前,从图 8.5 岸坡处于初始应力状态,应力分布图与岸坡体形态相一致,自坡体表面至岸坡体内应力值由 200kPa 逐渐增加至 1000kPa,随着开挖的深入,台阶面处由原来的受压状态变成了荷载为 0,岸坡体内应力发生重分布,在开挖台阶的瞬间,开挖面土体应力瞬间释放,由图 8.6 可以看出,岸坡体内应力已经发生变化,开挖面处尤为明显,总体应力呈减小趋势,且岸坡底部最大应力减小为 600kPa,随后进行分区域回填,回填范围为 137m 至 175m 高程,第一阶段回填时主要在坡脚 137m 至 147m 处,在回填土的重力荷载下,坡体内应力发生变化,从图 8.10 可以看出回填过程应力变化没有开挖时明显,而应力变化也主要是几种在回填范围内波动较为明显,回填过程原岸坡主要是受回填土荷载作用,因原岸坡本身规模较大,回填区域相对来说不大,因而对岸坡应力的影响也不是很大,应力重分布主要还是受开挖施工影响。

5) 开挖回填过程中的位移变化特性

应力重分布的产生也伴随着土体位移的产生,开挖台阶后,台阶表面卸荷,相当于有一个指向坡外的反作用力作用于岸坡表面,产生一个外拉的作用力,土体随之发生一定的变形, 通过模拟的结果图可以清楚的观查到位移变化情况。位移的变化也不是瞬间产生或停滞的, 由图 8.8 可知, 在开挖的 10 天里岸坡体内位移不断变化, 以 40m 处横断面为例, 岸坡由底部至坡体表面, 应变逐渐增大, 在 140m高程处应变增加幅度最大, 坡体表面竖向位移由原来的 0m 逐步增加至 0.3m, 水平位移由最初的 0m 变化至 −0.04m。而对比四个断面的位移变化时, 由于离开挖面最近, 从图 8.11 中可知, 40m 断面处各点的位移变化最明显。在分区填筑过程中, 20m, 40m, 60m 处断面各点的位移变化均较大, 离开挖面较远的 100m 断面处各点受开挖回填影响较小, 位移变化也趋于零。

8.2.2　宁江岛造地型岸坡失稳机制

将 Sigma/W 模拟岸坡开挖填土得到的应力应变变化规律应用到宁江岛实际回填工程中, 结合饱和–非饱和渗流理论, 分析开挖回填施工对岸坡应力应变影响机制。岸坡体的抗滑力主要作用在滑动面上的正应力产生的摩擦抗滑力和土颗粒黏聚力产生的抗滑力。开挖回填过程中由于卸荷和加载作用, 土体内部应力发生变化导致岸坡整体出现滑动破坏, 而库水位涨落期间下滑力主要有水压力, 岸坡自重, 入渗水重量, 水体入渗造成动水压力, 库水位的涨落及雨水的入渗直接导致岸坡填土接触面的摩擦力降低, 进而弱化了岸坡体的力学性质, 导致岸坡失稳。

1. 开挖回填过程中岸坡失稳破坏机制

1) 开挖台阶

采用应力局部化的方法分析岸坡体内局部一点的应力状态来推求出岸坡整体滑动情况, 取岸坡体内开挖表面一点土颗粒 A 为分析点, 开挖前 A 点上覆荷载对其有一个大小为 γ_z 的自重荷载作用, 开挖台阶后, 土颗粒 A 上覆荷载消失, 相对于开挖前, 岸坡下滑力减小, 开挖台阶并不会造成岸坡失稳, 所以此时也不需要做相应的防护措施。

2) 岸坡回填

取开挖台阶以上回填部分土条 i 进行受力分析, 所受的力主要有相邻土条对其的法向法向作用力 E_i、E_{i+1}, 相邻土条对其的切向作用力 X_i、X_{i+1}, 底部土体对其的法向反力 N_i 和切向反力 T_i 以及自身重力 W_i, 受力情况如图 8.15 所示。
N_i、W_i、T_i 满足如下关系式:

$$N_i = W_i \cos \alpha_i \tag{8.8}$$

$$T_i = W_i \sin \alpha_i \tag{8.9}$$

开挖前 A 处受到的竖向荷载主要为原坡面线与台阶开挖线之间的土重力, 开挖台阶后, 该处卸荷, 不受上部荷载作用, 接着进行回填以后, A 处受到的竖向荷载为其上部填土重量，填土后受力明显增大，造成土条向下的分力增大，从而增大了下滑力，有可能造成岸坡失稳，土条受力分析见图 8.16。

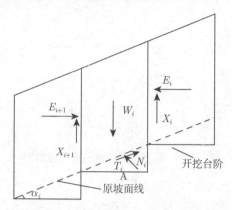

图 8.16 回填后土条受力分析示意图

2. 库水位与岸坡破坏耦合机制

库水位引发的岸坡变形失稳可归结为材料力学效应、水力学效应和库水水力机械作用三种机理，对于宁江岛填土岸坡，库水位涨落对其稳定影响最大，库水入渗会改变岸坡土体容重，并会对土体进行软化，改变其物理力学性质，随着库水的入渗，土体基质吸力逐渐降低，使得非饱和带土体的抗剪强度降低，随着土体变形的产生逐步趋于残余强度，进而造成岸坡的稳定性降低，当积累到一定时间变发生失稳破坏，同时库水位的瞬间涨落容易对岸坡表面造成冲刷，降低其稳定性。

1) 库水位上升对宁江岛岸坡的作用机理

库水上涨主要是水库蓄水至 175m，之后库水位的消落主要是在汛前和汛期洪峰后，这两个时段库水位都将大幅度消落，岸坡此时受库水的影响也最大，虽然岸坡外水位涨幅较大，但岸坡体内水位变动小，有明显的滞后，内外巨大的差异产生了较大的地下水动水压力，加剧岸坡的破坏。

库水位上升初期，由于水压力作用，岸坡体内外产生水动力差，库水位的突然上涨增加的水体给岸坡造成负载压力，含水量的增加引起土体重力增加，相当于岸坡体的整体重量增加，增加了土体的抗滑力，短期内阻止了岸坡的潜在滑动，但随着时间的推移，坡体外库水逐渐入渗至坡体内，在水的润滑作用下，土的黏聚力 c 和内摩擦角 φ 受水的反复浸泡作用有所降低，降低后的抗剪强度线变为 τ'_f，从莫尔圆与抗剪强度的关系图中可以看出抗剪强度线的斜率减小同时整体下移，抗剪强度线有可能与莫尔圆相交，造成岸坡失稳，此外库水位的入渗过程中，基质吸力逐渐降低，随着土颗粒间的空隙逐渐被水充满，基质吸力逐渐降低，形成孔隙水压，作用造成岸坡潜在滑面附近的土体孔隙水压力增加，入渗水对土颗粒有一个向上的浮托力, 有效应力相应减小, 抗剪强度降低, 整个莫尔应力圆由 a 向左侧移动至 b, 造成滑动破坏, 作用机理如图 8.17 所示。

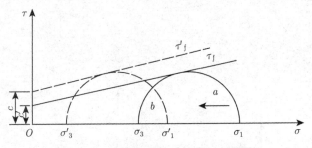

图 8.17   库水位上升时的莫尔应力圆

2) 库水位骤降对宁江岛岸坡的作用机理

当库水位骤降时, 水位线下降将明显改变岸坡土体的应力状态, 打破原有岸坡的堆积平衡, 作用在原岸坡体表面上的水荷载消失, 在孔隙动水压力作用下, 土颗粒发生分离, 产生潜蚀破坏。由于岸坡土层渗透性的差异, 库水位的变化与坡体内水位的变化不能同步, 即坡体内浸润线总是要滞后于坡体外水位。库水位下降前坡体内水位线基本与库水位持平, 库水位骤降 H 后, 坡体内水位线在短时间内受土体间吸力作用, 水位线下降要滞后于坡体外水位, 下降后经过一段时间稳定期, 坡体内水位逐步恢复到正常。

以 B 点为观察点, 库水位骤降前, B 处土体处于饱和状态, 库水位下降后, 坡体内浸润线下降至 B 点一下, B 处土体由饱和转成非饱和状态, 基质吸力增加, 坡体内浸润线高于坡体外水位线, 库水位下降的瞬间产生一个动水压力差, 诱使岸坡发生滑动, 由于开挖台阶后台阶面与填土体直接的接触面容易渗水, 水的渗透压力促使开挖台阶线以上部分土体脱离, 同样容易导致岸坡失稳, 库水位下降诱发岸坡失稳机理图见图 8.18。

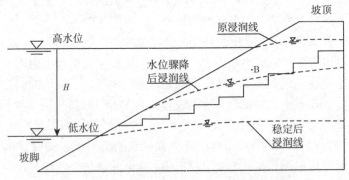

图 8.18   库水位下降诱发岸坡失稳机理图示

8.3　宁江岛造地型护岸工程数值模拟

8.3.1　不同开挖台阶及库水位涨落速度下的填土岸坡计算模型

1. 岸坡模型建立及参数选取

宁江岛岸坡属于水库岸坡人工造地，填土岸坡与原岸坡有效结合是填土边坡研究的关键，而开挖台阶是增强填土岸坡稳定性较为有效安全的方法，本书采用Geo-studio 数值模拟软件实施填土造地岸坡稳定性变化规律及变形特性分析，研究不同开挖台阶及库水位涨落影响下宁江岛岸坡的稳定渗流变化，为实际工程提供了重要参考价值。选取宁江岛岸坡护岸工程典型剖面 1-1 为地质模型进行数值模拟，见图 8.19 所示。

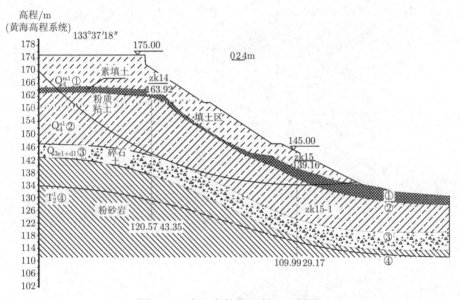

图 8.19　宁江岛护岸工程 1-1 剖面

宁江岛填土工程参数取值见表 8.4。

建立数值模型剖面模型分两种情况建模：① 不对填土体与原岸坡的接触界面进行处理；②将接触面设计成台阶状。未开挖台阶前在粉质粘土层之上覆盖了一素填土薄层，当对填土界面进行台阶处理后，现场施工时要进行表层清理，界限会因此变模糊，很难确定具体的素填土层，故在进行模拟时做简化处理，忽略了素填土对岸坡的影响，由于素填土较薄，对填土岸坡整天稳定性分析影响不大，开挖前后的剖面模型分别见图 8.20(后附彩图) 和图 8.21(后附彩图)。

表 8.4   宁江岛填土物理力学参数

岩性	天然状态			饱和状态		
	容重 /(kN/m³)	粘结力 /kPa	内摩擦角 /(°)	容重 /(kN/m³)	粘结力 /kPa	内摩擦角 /(°)
碾压回填土	21.4	18	25	22.3	16	24.5
堆石坝体	20.58	0	35	23	0	32
抛石体	17	-	35	20	-	32
素填土	19.8	17	19	20.7	15	17
粉质粘土	19.2	20	17	21.2	18	14
碎石土	22.5	22	25	22.9	20	22
填岛土体	22	24	27	22.7	20	23

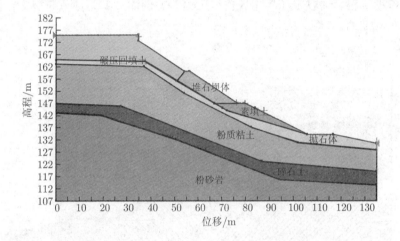

图 8.20   宁江岛不开挖台阶条件下 1-1 剖面 (后附彩图)

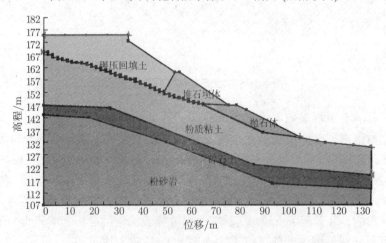

图 8.21   宁江岛开挖台阶条件下 1-1 剖面 (后附彩图)

2. 工况拟定

三峡工程 1994 年正式动工兴建，2003 年开始蓄水发电，2009 年竣工，一度成为全世界最大的水利枢纽工程，三峡工程发挥着兼具防洪、发电、航运为一体的巨大综合经济效益，对库区周围的经济、生态、环境等产生了重大的影响。根据重庆市地方标准《地质灾害防治工程设计规范》(DB50/5029-2004)，拟定五种计算工况：

工况一：天然状态不考虑水位影响；

工况二：三峡水库正常蓄水位 145m(自重 + 建筑荷载正常水位)；

工况三：三峡水库汛限水位 175m(自重 + 建筑荷载 +175m 水位)；

工况四：三峡水库水位下降期(自重+建筑荷载+自 175m 下降至 145m 水位)；

工况五：三峡水库水位上升期(自重+建筑荷载+自 145m 上升至 175m 水位)。

在上述五种工况下分别研究不同台阶宽度及水位涨落速度下的宁江岛岸坡的稳定渗流变化规律，在此开挖台阶宽度分别选取 1m，2m，3m，分别模拟不同开挖台阶下三个滑面处的稳定系数。

三峡工程自正式运营开始，库区水位呈周期性涨落，最大涨幅达 30m，即防洪限制水位 145m 与正常蓄水位 175m 之差，水库在正常运营期间水位涨落速度在 0.6~4.0m/d，宁江岛回填工程的填筑和竣工时间与三峡水库从 145m 分阶段蓄水至 175m 基本同步，依此设置工况不仅与实际工程相吻合，而且符合岸坡防护工程的实际控制要求 [62]，为后期土地资源开发以及减灾决策提供科学依据。

本书采用将基于饱和-非饱和渗流理论，借助 Geo-studio 软件下的 Seep/W(地下水渗流分析软件) 与 Slope/W(边坡稳定性分析软件) 模块对宁江岛再造岸坡受库水位涨落影响下的渗流稳定性进行耦合分析。库水位涨落速度分别取 0.6m/d，1.0m/d，2.5m/d，4.0m/d，分别模拟开挖台阶为 2m 时各水位涨落速度下宁江岛岸坡的稳定渗流变化，这里的涨落均为匀速，模拟工况见表 8.5。

表 8.5 宁江岛岸坡模拟工况

	工况	工况 1	工况 2	工况 3	工况 4
水位上升	历时 (天)	7.5	12	30	50
	上升速度/(m/d)	4.0	2.5	1.0	0.6
	工况	工况 5	工况 6	工况 7	工况 8
水位下降	历时 (天)	7.5	12	30	50
	下降速度/(m/d)	4.0	2.5	1.0	0.6

3. 填土岸坡与原岸坡的有效结合的数值模拟

对于滨海滨库地带填土造地工程，填土岸坡与原岸坡的界面是岸坡稳定的薄弱地带，也是滑动面高发地带，库水位涨落时，在强大的渗水压力下，水很容易沿着该接触面入渗，极大的削弱了岸坡的稳定性，这也是是其安全运营的重大隐患区，而现有填土造地技术中未重视该问题。如何有效的使填土岸坡与原岸坡进行完美的咬合以实现无缝连接是目前亟需解决的问题，在填土体和原岸坡的接触面开挖台阶在实际工程中被广泛应用，并取得显著的效果。合理的台阶宽度对边坡开挖的技术指标和作业安全都具有重要的意义，本书分别选取台阶宽度为 1m，2m，3m 对回填前后的宁江岛岸坡进行稳定性模拟，填土前各状态下岸坡的稳定系数模拟结果见图 8.22(后附彩图)。

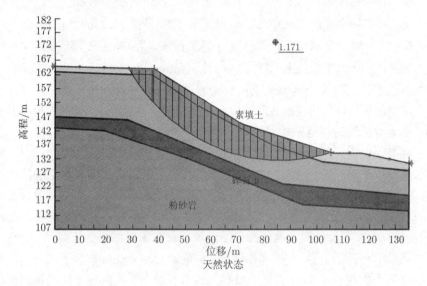

天然状态

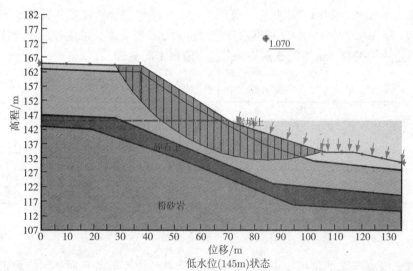

低水位(145m)状态

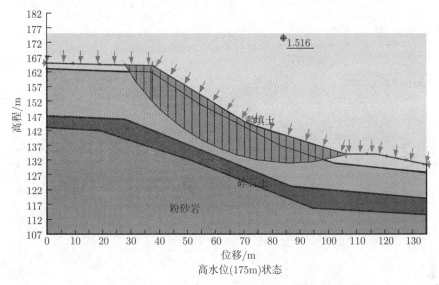

图 8.22 宁江岛填土前各状态下岸坡的稳定系数 (后附彩图)

对宁江岛回填后,在原地面线基础上进行碾压回填和抛石护脚处理,此时存在三个潜在滑动面,应分别模拟求解每一种滑面下的稳定系数,先不考虑开挖台阶分析天然状态、145m 低水位、175m 高水位下三个滑面的稳定系数见图 8.23(后附彩图)。

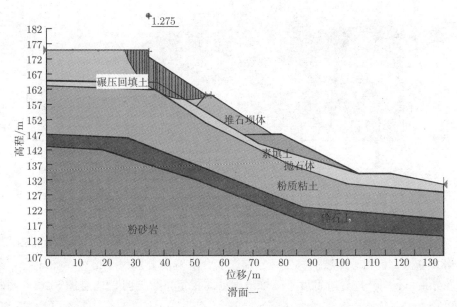

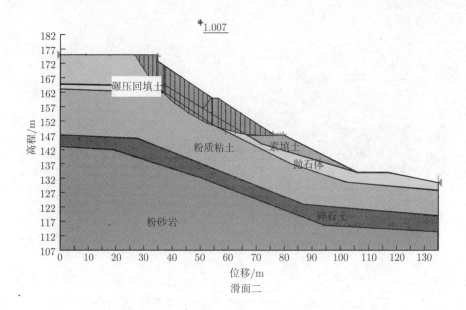

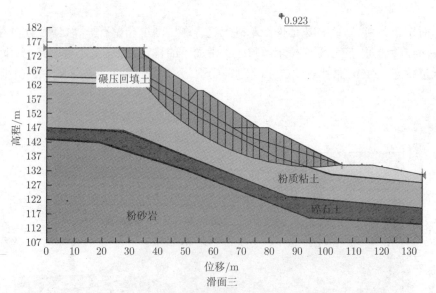

图 8.23　宁江岛天然状态下三个滑面的稳定系数 (后附彩图)

　　在填土体与原岸坡接触界面进行开挖台阶处理, 增大两种土层的接触面积, 从而增大摩擦力, 利于岸坡的稳定, 分别选取台阶宽度分别为 1m, 2m, 3m 进行稳定性分析, 不同开挖台阶宽度下三个滑面处的稳定系数见图 8.24 至图 8.26(后附彩图)。

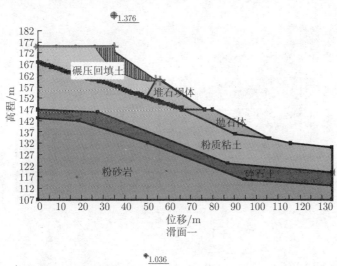

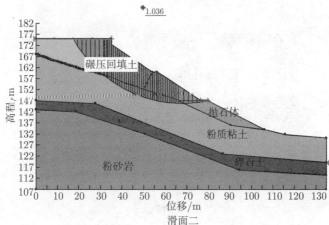

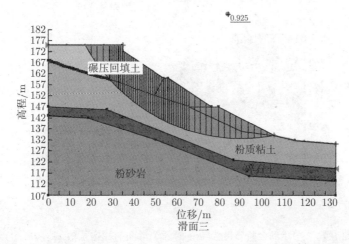

图 8.24 宁江岛台阶宽度为 1m 时三个滑面的稳定系数 (后附彩图)

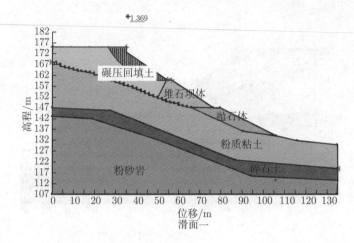

滑面一

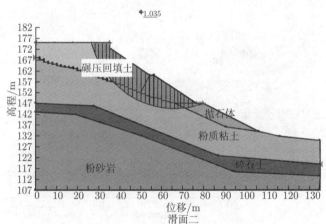

滑面二

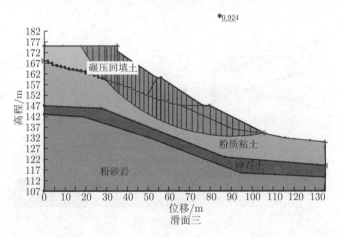

滑面三

图 8.25　宁江岛台阶宽度为 2m 时三个滑面的稳定系数 (后附彩图)

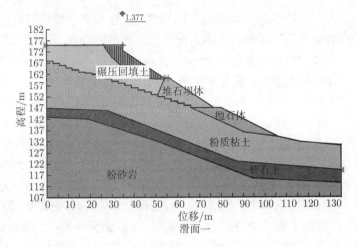

滑面一

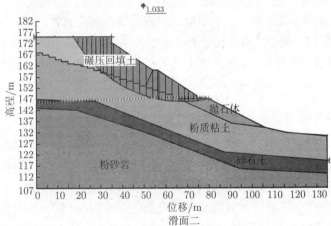

滑面二

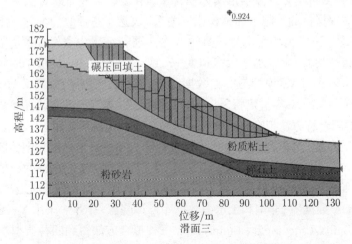

滑面三

图 8.26 宁江岛台阶宽度为 3m 时三个滑面的稳定系数 (后附彩图)

比较不同开挖台阶情况下岸坡稳定性变化，进行开挖台阶处理后三个滑面处的稳定系数均有所提高，原岸坡与填土进行台阶式接触处理下明显比不处理前的稳定系数要大很多，当台阶宽度为 1m 时的岸坡最稳定，此时台阶阶数明显增加，原岸坡与填土体接触面增加，增大摩擦力，岸坡稳定性随之增加，当开挖台阶宽度为 2m 时，虽然滑面一的稳定系数要小于台阶宽度为 3 情况下滑面一的稳定系数，但综合比较三个滑面，可以看出台阶宽度选取 2m 时岸坡总体更稳定，此外从图中还可以看到不同开挖状况下滑面一处的稳定系数变化最大，也就是台阶宽度对滑面一的影响最大，因为坡脚采取的是抛石护脚的处理方式，只需要在抛石前清理坡脚处的松散土体和杂质，不需要做开挖台阶的处理，滑面一的下伏土层为台阶开挖的主体部分，故稳定性受其影响也越大。虽然开挖台阶为 1m 时岸坡最稳定，但其台阶数较多，在实际工程中处理起来较为复杂，而且大大增加其工程造价，填土造地的宗旨是在确保岸坡稳定的前提下造出尽可能多的可用土地资源，也就是花最少的钱造最多的地，只要填土后的岸坡工程在安全范围内就行，而开挖台阶宽度取 2m 恰恰符合了这一要求，所以在综合考虑了经济和实际施工情况下选取 2m 为最优开挖台阶宽度，我国《公路路基施工技术规范》JTGF10-2006 中规定岸坡开挖台阶宽度不小于 2m，所以利用 Geo-studio 进行模拟的结果符合相关规范要求。

4. 库水位涨落对宁江岛填土岸坡的稳定渗流影响数值模拟

前述模拟结果可以看出台阶宽度取 2m 是最优宽度，在考虑库水位涨落对岸坡的影响是以台阶宽度 2m 为基准进行渗流模拟，利用 Seep/W 进行渗流分析时，最关键的是要定义体积含水量函数 (土水特征曲线) 及渗透性函数，分析稳态时只需要定义渗透函数，即渗透系数随基质吸力变化的曲线，分析土体中孔隙水压力随时间变化的瞬态问题时就需要定义体积含水量函数。体积含水量函数是指当土体排水时，空隙中保持的孔隙水的体积比例关系，表达了基质吸力变化时土的储水能力的变化情况。决定体积含水量函数的 3 个主要特征量为空气进入值 (AEV)、体积压缩系数 (m_{v})、残余含水率或饱和度 $(\theta_{\mathrm{r}}$ 或 $S_{\mathrm{r}})$。Seep/W 提供了四种定义渗透性函数的方法，其中 VG 模型与实测数据线十分接近，而且参数意义明确，至今仍为最常用的模型之一。本书也将采用 VG 模型来进行非饱和渗流计算参数的估计。

利用 VG 闭合解方法拟合土水特征曲线首先要确定的参数是 a, n, m，其中 a 为进气值有关的参数，单位为 kPa，n 为在基质吸力大于进气值之后与土体脱水速率有关的土参数，m 为与残余含水量有关的参数，而对于 a, n, m 的参数取值很多学者通过大量实验已经做了相关的研究，并提出了大量有关土水特征曲线的数学模型，基于 UNSODA 数据库 (非饱和土水力数据库)。谭晓慧，李丹等采用 MATLAB 编程语言中的 Nlinfit、Lsqcurvefit、Fminsearch 三种拟合方法得到四种典型土的 SWCC 拟合参数 a, n, m 值；Vereecken 等用 VG 土水特征曲线方程对 40 组土进行了拟合，验证了土水特征曲线和土性参数的相对重要性和稳定性，利用土性参数可以很好的预测土水特征曲线；何晓英通过对宁江岛松散填土进行多晶 X 射线衍射试验，得到了原状土体在不同基质吸力下的含水量值[64]。在综合众多学者的研究，利用 UNSODA 数据库中的基本土性参数，结合宁江岛的地层特性本文进行土水特征曲线拟合时所选取的拟合参数。根据拟合参数便得到土水特征曲线，而渗透系数函数的基本形状是由体积含水量函数派生而出，由于在大多数非饱和土体渗流分析中体积压缩系数不需要准确定义，可以取一个小的值，本书统一取体积压缩系数 m_v 为 $1.0e^{-5}$/kPa，模型中各层土的饱和渗透系数 K_s 取值见表 8.6 所示。

表 8.6 宁江岛岸坡土水特征曲线拟合参数及饱和渗透系数取值

土体	拟合参数			饱和渗透系数
	a/kPa	n	m	K_s/(cm/s)
素填土	33.92	2.55	0.72	$1.2e^{-5}$
粉质粘土	40.76	1.81	0.18	$1.0e^{-6}$
碎石土	27.81	3.97	0.42	$5.0e^{-2}$
碾压回填	46	7.23	0.22	$0.6e^{-4}$
堆石坝体	38	5.9	0.39	$4.0e^{-2}$
抛石体	35	4.1	0.36	$6.0e^{-3}$

根据现场勘查资料及前人的研究数据进行同种材料类比分析，分别确定宁江岛岸坡各土层的水力学参数如图所示，由于碾压回填土、堆石坝体和抛石体在实际填筑过程中均要进行人工碾压，土水特征值也有一定的差异，以现场勘查资料为准；该模型主要模拟库水位在 145m 至 175m 之间涨落对岸坡稳定性影响极其渗流变化情况，在数值模拟开始前，假设坡体内外水位均为 145m，即此时的浸润线趋于一水平直线，对此时的岸坡的渗流状态进行稳态分析，并以此作为 Seep/W 模块瞬态分析的初始条件，滑面一处水位升降下浸润线及稳定性系数变化见图 8.27 至图 8.30(后附彩图)。

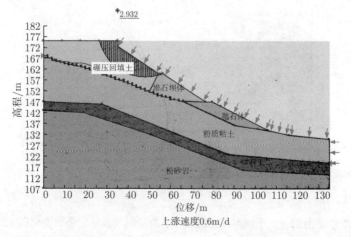

上涨速度0.6m/d

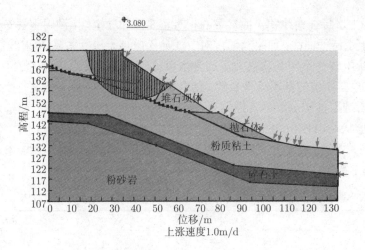

上涨速度1.0m/d

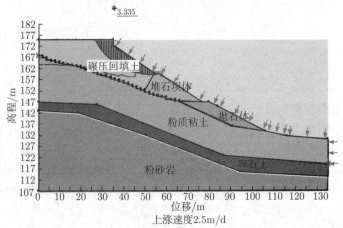

上涨速度2.5m/d

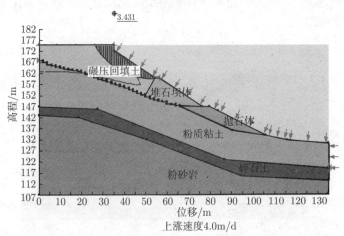

上涨速度4.0m/d

图 8.27　宁江岛滑面一在不同水位上涨速度下的浸润线及稳定系数变化图 (后附彩图)

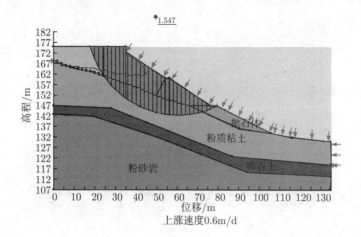

上涨速度0.6m/d

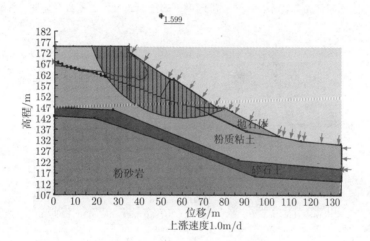

上涨速度1.0m/d

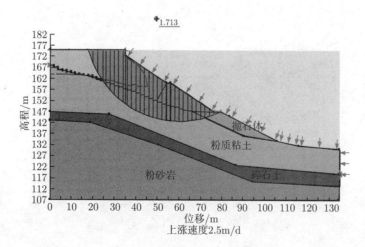

上涨速度2.5m/d

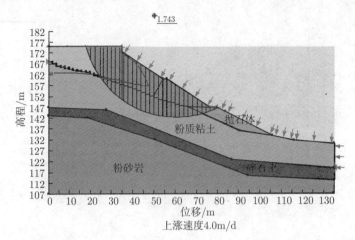

图 8.28　宁江岛滑面二在不同水位上涨速度下的浸润线及稳定系数变化图 (后附彩图)

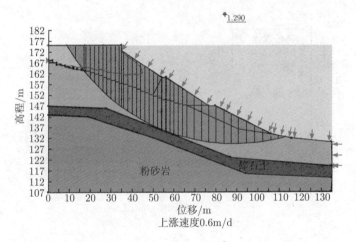

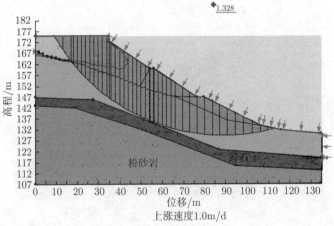

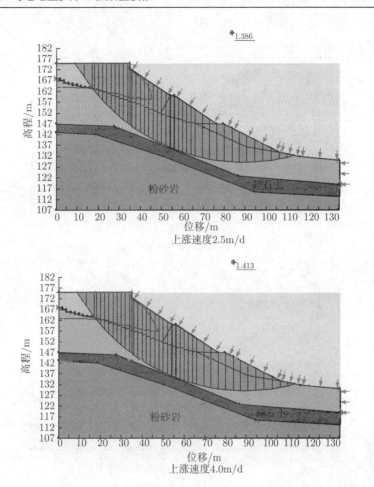

图 8.29 宁江岛滑面三在不同水位上涨速度下的浸润线及稳定系数变化图 (后附彩图)

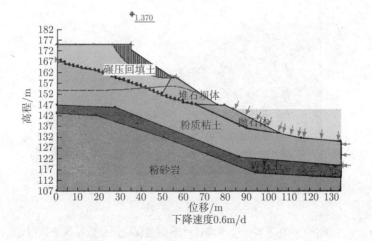

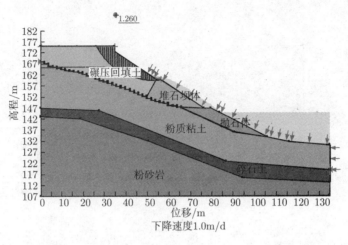

下降速度1.0m/d

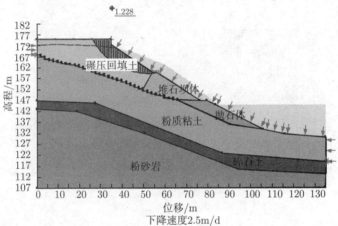

下降速度2.5m/d

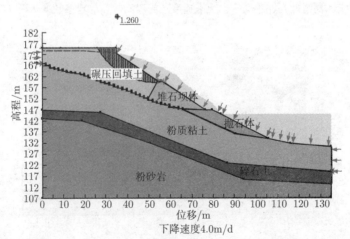

下降速度4.0m/d

图 8.30 宁江岛滑面一在不同水位下降速度下的浸润线及稳定系数变化图 (后附彩图)

以第 50 天的水位上升至 175m 时的渗流情况作为水位下降瞬态分析的初始状态，同样求得水位下降速度分别在 0.6m/d，1.0m/d，2.5m/d，4.0m/d 时浸润线及稳定系数变化情况 (图 8.31 和图 8.32，后附彩图)。

8.3.2 模拟结果分析

1. 不同台阶宽度情况下填土岸坡稳定性变化规律

台阶开挖宽度直接影响到填土岸坡的稳定性，确定最优台阶开挖宽度对实际填土岸坡工程有着重要借鉴意义，在这里不考虑台阶倾角的问题，统一指开挖的是正台阶。台阶宽度分别为 0m，1m，2m，3m 处岸坡三个滑面处的稳定系数如表 8.7 所示，根据表格中数据绘制稳定性系数变化曲线图见图 8.33 所示。

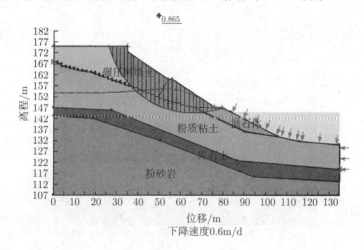

下降速度0.6m/d

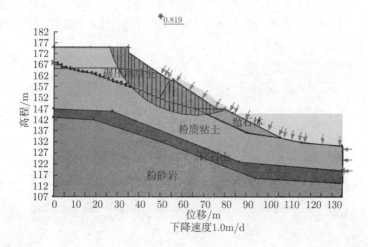

下降速度1.0m/d

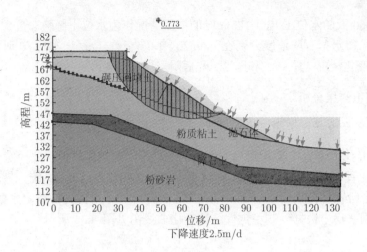

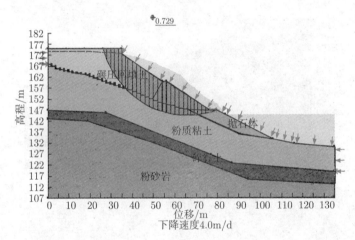

图 8.31　宁江岛滑面二在不同水位下降速度下的浸润线及稳定系数变化图 (后附彩图)

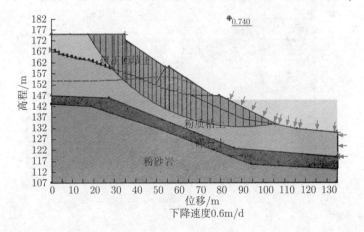

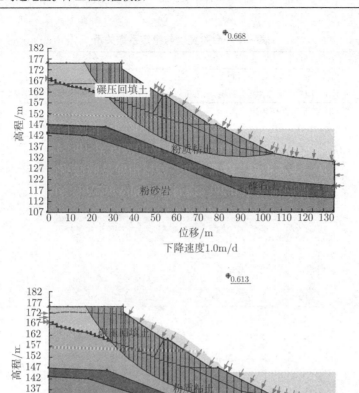

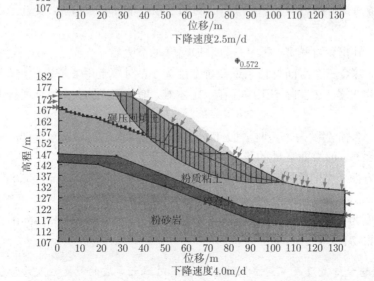

图 8.32 宁江岛滑面三在不同水位下降速度下的浸润线及稳定系数变化图 (后附彩图)

表 8.7　台阶宽度与稳定系数关系

台阶宽度/m	0			1			2			3		
滑面	(1)	(2)	(3)	(1)	(2)	(3)	(1)	(2)	(3)	(1)	(2)	(3)
稳定系数	1.275	1.007	0.923	1.376	1.036	0.925	1.369	1.035	0.924	1.377	1.033	0.924

注: 台阶宽度取 0 即未开挖台阶。

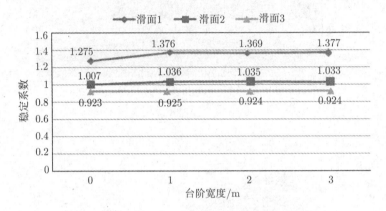

图 8.33　宁江岛不同台阶宽度下的稳定系数

从表 8.7 和图 8.32 中可见:

第一, 对填土岸坡接触面进行开挖台阶处理后三个滑面处的稳定系数均明显增加, 说明台阶开挖对加强岸坡稳定起到了积极作用。

第二, 对比开挖台阶前后, 滑面一的稳定系数增加幅度最大, 受开挖台阶影响最为显著。

第三, 开挖台阶越宽, 稳定系数增加幅度越不明显。

第四, 综合三个滑面总体来说台阶宽度为 1m 时填土岸坡最为稳定, 但此时的台阶阶数也最多, 在实际施工中存在一定困难, 增加了人力投入, 从而提高了施工成本。

第五, 台阶宽度为 2m 时滑面 1 处的稳定系数大与台阶宽度为 3m 时滑面 2 处的稳定系数, 但滑面 2 处的稳定系数情况相反, 滑面三处两者稳定性相同, 所以单从这一方面考虑的话两者持平, 但当台阶宽度越宽意味着开挖深度越深, 工程投入同样增加。综合上述几点原因考虑, 在保证稳定的前提下又要降低工程成本, 选取台阶宽度为 2m 最为合适, 这也与《公路路基施工技术规范》JTGF10-2006 中规定的 2m 相吻合, 具有科学依据。

2. 理想台阶宽度及不同水位涨落速度下对填土岸坡的稳定性及渗流变化规律

三峡水库建成蓄水后, 由于水库的调蓄作用, 1~4 月为枯水期, 三峡水库保持较高水位，汛末 10 月的流量减少，库水位的涨落直接影响了周围岸坡稳定，有关研究表明，90%的以上的边坡失稳都与水有密切联系，水是边坡失稳的主要诱发因素，所以研究不同水位涨落情况下的填土岸坡稳定性是当下十分紧迫的科研任务。而前人所做关于岸坡稳定性研究中均只是单一的分析单个影响因素对岸坡稳定性的影响，并未考虑不同水位涨落情况下渗流面的变化情况。

　　库水位涨落过程中岸坡体内渗流发生变化，本书利用 Geo-studio 模拟 145m 至 175m 的水位涨落情况下岸坡稳定性的变化情况，并针对不同的涨落速度，按表 8.5 中的八种工况分别模拟水位在 145m 至 175m 之间不同涨落速度下岸坡渗流面（浸润的）的变化规律及对宁江岛再造岸坡稳定性的影响，渗流面变化见图 8.27 至图 8.32 所示，相应的稳定系数变化见表 8.8、图 8.34 和图 8.35。

表 8.8　宁江岛水位涨落速度与稳定系数的关系

滑面		滑面 1	滑面 2	滑面 3
水位上涨速度/(m/d)	0.6	2.932	1.547	1.290
	1.0	3.080	1.599	1.328
	2.5	3.335	1.713	1.386
	1.0	3 431	1.743	1.413
水位下降速度/(m/d)	0.6	1.370	0.865	0.740
	1.0	1.260	0.819	0.668
	2.5	1.228	0.773	0.613
	4.0	1.260	0.729	0.572

　　三峡水库 10 月汛后开始蓄水，逐渐达到最高水位 175m，库水可解决居民冬季用水及发电问题，冬季过后，在第二年洪水来了前，水库必须泄流，逐步消落至防洪限制水位 145m，以便腾出库容做好防护准备，因此每年三峡库水位在 145m 至 175m 之间波动，研究岸坡稳定性时也应与实际相符，并遵循三峡水库调度原则。

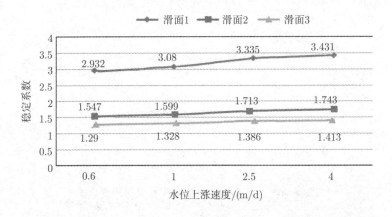

图 8.34　宁江岛不同水位上涨速度下岸坡三个滑面处的稳定性变化曲线

　　根据《三峡 (正常运行期)–葛洲坝水利枢纽梯级调度规程》，为了满足防洪、发电及航运等综合要求，每年要进行水库调度，在汛期不需要进行防洪蓄水时，库水位保持在限制水位 145m，汛末自 10 月 1 日开始蓄水，考虑到中下游居民用水灌溉情况，到十月底逐渐蓄水至 175m，若 10 月份未蓄满，11 月继续蓄至 175m，11 月底至次年 4 月，为了满足发电和航运要求，水库保持在高水位，当来水流量小于电站发电所需流量时，开始调用水库存蓄水量，5 月份开始消落，直到 5 月底库水位降至 155m，到 6 月 10 日消落至防洪限制水位 145m。

　　考虑库水调度调蓄，以一年为一个周期，根据每年不同时段库水位的涨落情况，利用上述模拟得出的数据，绘制一年内不同库水位作用下宁江岛岸坡稳定系数随时间的变化图如图 8.36 所示，这里选取典型的滑面 3 为例，为了简化处理，库水位涨落速度取 1m/d。

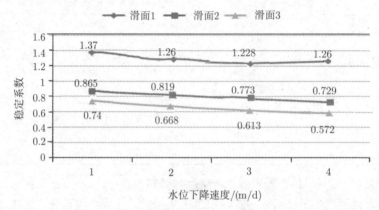

图 8.35　宁江岛不同水位下降速度下岸坡三个滑面处的稳定性变化曲线

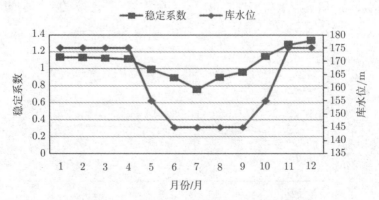

图 8.36　宁江岛稳定系数随库水位周期变化图

　　从上述表 8.8 和图 8.34 至图 8.36 可以看出：

第一，对比分析表 8.8，库水位上升时，岸坡体内水位相应抬升，岸坡体内水位线总要滞后于库水位，且靠近坡面的水位越趋近于库水位，水位上升速度越慢，坡体内浸润面越平缓，随着水位上升速度的增加，三个滑面处的稳定系数均有所增加，且上升速度越快，滑面 1 处的稳定系数由原来的 2.932 上升至 3.431，同时其他两个滑面处的稳定系数也有不同程度的增加。水位上涨速度增大时，库水的重量增加了岸坡自重，在短期内水位还未来得及入渗至岸坡体内，造成填土岸坡的瞬间性稳定性增强，随着时间的推移岸坡下部首先被淹没，岩土体含水量增大，水渗入土体，造成土体内的有效应力降低，使下部岩体达到饱和容重而失去足够的抗滑阻力而失稳。

第二，水位上升，岸坡稳定系数增大，岸坡稳定性相应增强，且上升速度越快，岸坡越稳定，主要是因为宁江岛岸坡体内存在隔水层，而水位的抬高会对隔水层形成一个向上的浮托力，浮力作用使滑坡体有效重量减小，一方面减小了下滑力，利于岸坡稳定，与此同时，库水位的上升将对坡面施加水压力作用作用，其大小为 $h_w \gamma_w$ (h_w 为库水位深度，γ_w 为水容重)，同样增加了坡体的稳定。

第三，水位下降时，水位降落速度分别为 0.6m/d，1.0m/d，2.5m/d，4.0m/d 时，通过模拟得到滑面一处的稳定系数分别为 1.370，1.260，1.228，1.260，当水位骤降时，坡体内孔隙水压力来不及消散，使得岸坡体内浸润线总要滞后于库水位，坡体内产生较大的超静孔隙水压力，水位涨落速度越快，这种滞后效应越明显，且越远离岸坡面的浸润面越平缓，受库水位涨落影响不大，下降速度越快，稳定性越弱，更容易失稳，水位下降使得坡体内土体含水量降低，土颗粒间的基质吸力降低，从而造成黏聚力 c 降低，降低了土体抗剪强度，容易沿软弱面发生滑动。

8.4 宁江岛造地型护岸技术

该工程整治方案为：基础处理及抛石护脚 + 堆石坝 + 碾压回填土 + 坡面防护 + 悬臂式挡墙 (图 8.37)，具体工程措施为：按《防洪标准》，本工程定为堤防工程 4 级。选定堤线起点 ZA 坐标为 X=93379.42m，Y=40427.31m，终点 ZP9 坐标为 X=93296.77m，Y=40133.21m，堤线长 746.27m。碾压土石体护岸堤横断面尺寸按稳定计算后确定，碾压土石体基础在 147m 高程，147m 以下采用抛石处理，并强夯压密。最大抛填块石深度约 12m，强夯单击能量 3000kN·m。抛填块石高程顶面 147~160m 采用堆石坝进行围护，堆石坝底高程 147.00m，顶高程 160.00m，高 13m。迎水面坡比为 1:1.5，背水面坡比为 1:1。坝顶宽 5m，底宽 36m。坝内及坝上采用土夹石回填碾压。回填土面坡坡比 1:1.5。顶高程 172m。迎水坡面采用 C20 预制混凝土块护面，厚 15cm，预制混凝土块为正六边形结构，边长为 20cm。为了保证堤体的透水性能，预制块护面下部设 40cm 厚碎石过渡垫层和 20cm 砂反滤层。

在 172m 至 175m 之间采用悬臂式挡墙围护支挡。现选取典型桩号 0+50 处的设计图，如图 8.38 所示。该工程分布包括七部分。

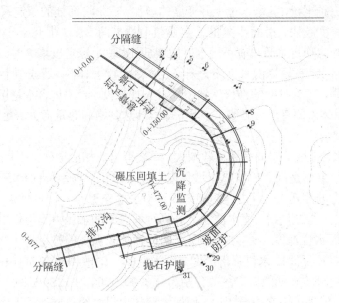

图 8.37 宁江岛造地型护岸工程平面图

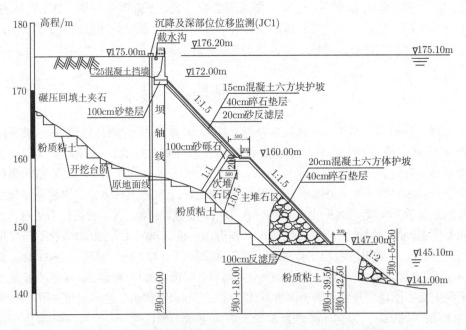

图 8.38 宁江岛造地型护岸工程典型断面设计图 (桩号 0+50)

8.4.1 基础处理及抛石护脚

基础主要采取抛石处理。抛石为大块石，块石应为弱风化岩石，其强度等级为
MU40。抛石前应尽量清除基础表层松散覆盖层，坡脚 3m 范围内局部挖深形成抗
滑台阶 (图 8.39)。

抛石时，第一层 (底层) 为直径 1m 左右的大块石，用以挤淤，然后抛块径
0.4~0.6m 的级配块石，最后抛 0.8~1.0m 的大块石，用以防库水冲刷。

抛石护脚的设计坡比 1:2.0，抛石到 147m 以后机械整平再进行强夯，夯锤重
不小于 25t，强夯单击能量 3000kN·m，夯点间距 4.5m。连续强夯，第一遍夯击点间
距可取夯锤直径的 3.0 倍，第二遍夯击点位于第一遍夯击点之间，以后各遍夯击点
间距可适当减小；强夯地基承载力特征值应通过现场载荷试验确定，地基承载力不
小于 400kPa。强夯时如发现沉降过大，应再抛石沉降坑并整平后再进行强夯，以
最后两夯的夯沉量不大于 10cm 作为控制标准。

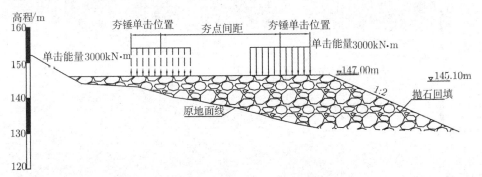

图 8.39 宁江岛基础处理及抛石护脚示意图

8.4.2 堆石坝

堆石坝布置在高程 147m 至 160m 之间，坝高 13m，坝顶宽 5m，迎水面坡比
1:1.5，背水面坡比 1:1(图 8.40)。

坝底座落在抛石基础上，坝顶、坝底外侧缘分别设置两个马道，宽分别为 2m
和 3m。坝背水面铺设土工布，采用短纤针刺非织造土工布，其上铺设厚度 100cm
的砂砾石。将堆石坝的填料分为两个区域，迎水面为主堆石区，背水面局部为次堆
石区。在主堆石区内要求采用强度与性能较好的石料进行填筑，在次堆石区内的填
料可以适当降低强度要求。

主堆石区：宜采用硬岩堆石料或砂砾料填筑，湿抗压强度 > 30MPa。硬岩堆
石料压实后应能自由排水，有较高的压实密度和变形模量。坝料最大粒径应不超过
压实层厚度，小于 5mm 的颗粒含量不宜超过 20%，小于 0.075mm 的颗粒含量不
宜超过 5%。碾压分层厚度不宜超过 1.0m，采用振动平碾碾压，碾压 6~8 遍，直到

达到设计参数要求。

次堆石区：内可以采用强度较低的岩石或者级配较好的砂砾石料进行回填，顶宽 4m，顶标高 158m，迎水侧坡比为 1:0.5 碾压分层厚度可以放宽到 1.5~2.0m。

8.4.3　碾压回填土

在堆石坝内部及以上采用碾压回填土填筑 (图 8.41)。碾压回填土要有一定的含石量。在距堤线 20m 范围内，回填土中块石含量不低于 30%。在其他范围内块石含量不低于 15%，可使用块石含量高的匀质土体作为回填料。回填土夹石采用层层碾压密实，土体相对密实度不应低于 0.75，填土的压实系数不小于 0.90，碾压层厚度不大于 1m。回填土夹石坡迎水面坡比为 1:1.5。填方施工结束后，应检查标高、边坡坡度、压实程度等，检验标准应符合《建筑地基基础工程施工质量验收规范》(GB 50202-2002) 表 6.3.4 之规定。

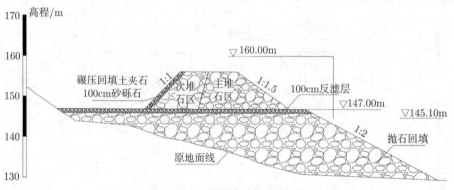

图 8.40　宁江岛堆石坝处置示意图

8.4.4　坡面防护

迎水坡面采用 C20 预制混凝土块护面，厚 20cm，预制混凝土块为正六边形结构，边长为 20cm。混凝土六方块其中一边留 2cm 缝隙用以排水，在泄水缝处设反滤土工布；堤脚部位设 M7.5 水泥砂浆砌筑 M40 块石压脚 (图 8.42)。预制块护面下部设 30cm 厚砂反滤层，20cm 厚碎石过渡垫层，过渡垫层料应级配良好，坡面夯压密实，相对密实度应大于 0.75。

8.4.5　悬臂式挡土墙

悬臂式挡墙，墙的埋深为 0.5m，墙身总长约 746.27m，为保证墙身的稳定性，每间隔 10m 设置一个变形缝，缝宽 2cm，缝内用沥青麻筋充填饱满，在挡墙拐角处，应适当加强构造措施 (图 8.43)。单个盖板的宽度为 1m。挡墙及基础采用 C25 混凝土现场浇筑施工，基底应力要求不低于 180kPa，基底土层在填土层的摩擦系数不小于 0.4。基础修筑完成以后在强度达到相关要求后，现场浇筑挡墙，挡墙墙身分两次浇筑，第一次浇筑 2.50m 高，待强度达到标准强度的 80% 以后浇筑余下的 0.5m，将浇筑接触面打毛并清除干净，同时将栏杆预埋件施做到位。环岛顶面设置钢筋混凝土盖板砖砌截水沟，以收集地面积水，通过专设管道与其他排水设施相连接，经处理后排入江中。

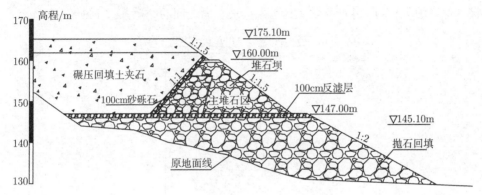

图 8.41 宁江岛碾压回填土示意图

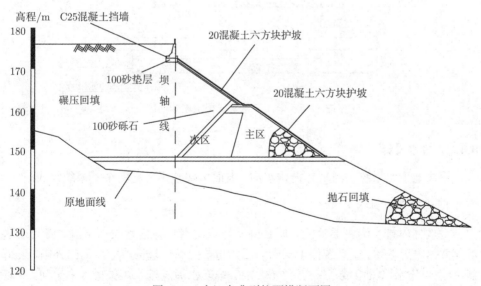

图 8.42 宁江岛典型护面横断面图

施工中应采取相应防止混凝土开裂措施，应首先优选尽量使用低热或者中热的矿渣硅酸盐水泥，并在混凝土中掺加一定量的缓凝剂，以延缓水泥的水化速度，在选择骨料时，可根据施工条件，尽量选用粒径较大、质量优良、级配良好的石子。

8.4.6　填土与原岸坡的有效结合

原岸坡表层土体的黏土及有机质含量较高,填筑工程施工时先清除地表有机质层,并在清楚有机质表层土体后的斜坡表面沿等高线开挖台阶,台阶宽度 2.0m 左右,阶坡高度 1.5m。开挖台阶区域位于 145m 高程至 156m 高程之间,必要时,在台阶表面铺设厚度 30cm 的碎石层。通过在原岸坡表面开挖台阶,使填土体有限楔入原岸坡土体内,并增强填土体与原岸坡表面之间的摩擦系数 (图 8.43)。

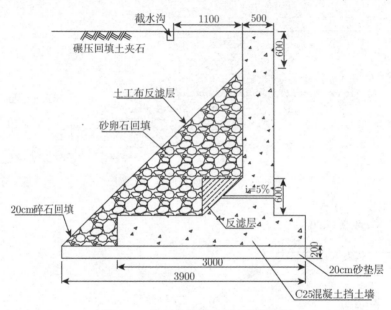

图 8.43　宁江岛悬臂式挡土墙断面图

8.4.7　排水设计

阻排地下水系统由滑坡体内排水沟、坡面填实整平工程两个子系统组成。

1. 滑坡体内排水沟

滑坡体内排水沟主要功能是防止降雨形成的滑坡体内地表水下渗,将其迅速汇集并排出滑坡体。子系统位于挡土墙后面与挡土墙一起构成宁江岛的外围,采用截水沟 + 排水洪渠组成,总长约 746.27m,地表水通过排水洪渠排入大宁河。宁江岛排水工程设计按个沟所处位置河控制的汇水面积及其所需的径流量,就各纵、横向排水沟进行了各种断面尺寸的水力设计计算河优化。排水沟过水断面设计为矩形,其上为钢筋混凝土算子盖板。边墙采用浆砌衬砌。

渠道采用衬砌保护,衬砌体为浆砌块石其表面用 1:2.5 的砂浆抹面,抹面厚度 2cm,抹面砂浆水泥标号为 425#,浆砌块石,用砂浆标号为 M7.5,石料标号在 400#以上，石料尺寸不小于 20cm。排水沟边墙衬砌厚度 30cm，沟底衬砌厚度 40cm。排水洪渠与排水竖井设置在挡土墙内侧相连同，竖井中心线与排水洪渠顶部盖板中心相对应，如遇特殊情况，可酌情调整；基底部分应碾压密实，强度应不低于 180kPa。竖向预制混凝土管连接时应做好接头的处理，采用 M7.5 水泥砂浆密封，防止漏水。

当填土碾压回填至 175m 之后，再开挖截水沟处的填土修建截水沟。排水沟采用人工开挖，为保证排水沟基础稳定，开挖深度必须大于沟底衬砌厚度与沟侧边墙高度这和。衬砌两侧必须进行回填夯实。边坡陡坎对沟渠有影响的部位应进行衬砌，支护处理。

为防止沟渠基础不均匀沉降造成渠道断裂，所有衬砌体应进行分缝，分缝间距为 10m，在转折处还需加设沉降收缩缝，缝宽 2cm，分缝型采用平头对接式，用 3#沥青麻筋止水。当排水沟通过裂缝时，应设置迭瓦式沟槽。排水沟断面变化时，可用土工合成材料或钢筋混凝土预制板做成。

排水沟进出口按平面布置，采用喇叭口或八字翼墙。排水沟断面变化是，采用渐变段衔接，长度取水面宽度之差的 5~20 倍。图 8.44 为修建后的排水管道图。

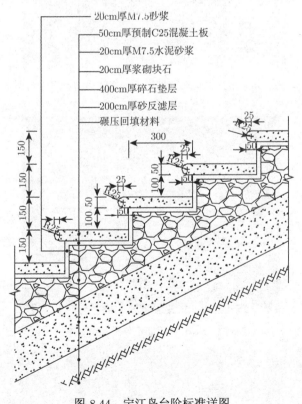

图 8.44 宁江岛台阶标准详图

2. 坡面填实整平工程

坡面填实整平工程主要是防止大气降水在滑坡体堆积和下渗。工程措施为有明显开裂变形坡体，及时用粘土或水泥浆填实裂缝，整平水坑、洼地，使降雨能迅速沿排水沟汇集和排走。

该工程于 2008 年完成，是一个以库岸防护为主兼顾土地资源综合开发利用并具有重要景观价值的库岸综合治理工程 (图 8.45、图 8.46，后附彩图)，护岸长度 500m 以上，造地面积 110 亩，售价超过 3 亿元。该技术在大型特大型水库岸坡防护工程中有重大推广应用价值，并可借鉴用于沿海填土造地工程建设中。

图 8.45　宁江岛造地型护岸工程修建后的排水管道图

图 8.46　建成后的巫山宁江岛造地型护岸工程 (后附彩图)

参 考 文 献

[1] 西南大学, 重庆师范大学, 重庆大学, 等. 三峡水库重庆消落区生态环境问题及对策研究报告, 2006.

[2] 陈洪凯, 唐红梅. 三峡库区大型滑坡发育机理. 重庆师范大学学报 (自然科学版), 2009, 26(4):1-6.

[3] 董金玉, 杨继红, 孙文怀, 等. 库水位升降作用下大型堆积体边坡变形破坏预测. 岩土力学, 2011, 32 (6):1774-1780.

[4] 杨金, 简文星, 杨虎锋, 等. 三峡库区黄土坡滑坡浸润线动态变化规律研究. 岩土力学, 2012, 33(3):853-858.

[5] 吴琼, 唐辉明, 王亮清, 等. 库水位升降联合降雨作用下库岸边坡中的浸润线研究. 岩土力学, 2009, 30(10):3025-3031.

[6] 林志红, 项伟, 吴琼. 库水位涨落和降雨入渗作用下岸坡中浸润线的计算. 安全与环境工程, 2008, 15(4):22-26.

[7] 周丽, 汪洋, 杜娟. 库水位下降和降雨影响下李家湾滑坡的稳定性计算. 安全与环境工程, 2010, 17(3):5-9.

[8] 许强, 陈建君, 张伟. 水库塌岸时间效应的物理模拟研究. 水文地质工程地质, 2008, (4):58-61.

[9] 肖诗荣, 刘德富, 姜福兴, 等. 三峡库区千将坪滑坡地质力学模型试验研究. 岩石力学与工程学报, 2010, 29(5):1023-1030.

[10] 徐文杰, 王立朝, 胡瑞林. 库水位升降作用下大型土石混合体边坡流 - 固耦合特性及其稳定性分析. 岩石力学与工程学报, 2009, 28(7):1491-1498.

[11] 江泊洧, 项伟, 曾雯, 等. 三峡库区黄土坡临江滑坡体水岩 (土) 相互作用机理. 岩土工程学报, 2012, 34(7):1209-1217.

[12] 汪发武, 张业明, 王功辉, 等. 三峡库区树坪滑坡受库水位变化产生的变形特征 (英文). 岩石力学与工程学报, 2007, 26(3):509-517.

[13] Zhou X G, Chu M J, Liu J M, et al. Deformation and failure of Guantianba landslide, in the reservoir of Xiangjiaba hydropower station. Applied Mechanics and Materials, 2012, 166-169:2782-2786.

[14] Lollino P, Elia G, Cotecchia F, et al. Analysis of landslide reactivation mechanisms in Daunia clay slopes by means of limit equilibrium and FEM methods. GeoFlorida 2010: Advances in Analysis, Modeling & Design, 2010:3154-3164.

[15] Deng J H, Wei J B, Min H, et al. Response of an old landslide to reservoir filling: A case history.Science in China Series E(Technological Sciences), 2005, 48(z1):27-32.

[16] Lai X L, Wang S M, Qin H B, et al. Unsaturated creep tests and empirical models for sliding zone soils of Qianjiangping landslide in the Three Gorges. Journal of Rock Mechanics and Geotechnical Engineering, 2010, 2(2):149-154.

[17] 蒋秀玲, 张常亮. 三峡水库水位变动下的库岸滑坡稳定性评价. 水文地质工程地质, 2010, 37(6):38-42.

[18] 梁学战, 赵先涛, 向杰, 等. 库水位升降作用下土质岸坡变形特征实验研究. 土木建筑与环境工程, 2014, 36(1):92-100.

[19] 王小东, 戴福初, 黄志全. 基于瑞典条分法进行水库岸坡最危险滑动面自动搜索的 GIS 实现. 岩石力学与工程学报, 2014, 33(S1):3129-3134.

[20] 卢书强, 易庆林, 易武, 等. 三峡库区树坪滑坡变形失稳机制分析. 岩土力学, 2014, 35(4): 1123-1130/1202.

[21] 宋琨, 晏鄂川, 朱大鹏, 等. 基于滑体渗透性与库水变动的滑坡稳定性变化规律研究. 岩土力学, 2011, 32(9):2798-2802.

[22] Midgley T L, Fox G A, Wilson G V, et al. Seepage-induced stream bank erosion and instability: in situ constant-head experiments. J. Hydrol. Eng. 2013,18:1200-1210.

[23] Kārlis K, Tomas S. Landslides and gully slope erosion on the banks of the Gauja River between the towns of Sigulda and Ligatne, Estonian Journal of Earth Sciences, 2013, 62(4): 231-243.

[24] Nian T K, Feng Z K, Yu P C, et al. Strength behavior of slip-zone soils of landslide subject to the change of water content. Natural Hazards, 2013, 68(2):711-721.

[25] 张桂荣, 程伟. 降雨及库水位联合作用下秭归八字门滑坡稳定性预测. 岩土力学, 2011, 32(s1):476-483.

[26] 廖秋林, 李晓, 李守定, 等. 三峡库区千将坪滑坡的发生、地质地貌特征、成因及滑坡判据研究. 岩石力学与工程学报, 2005, 24(17):3146-3153.

[27] Silvia B, Marco P. Shallow water numerical model of the wave generated by the Vajont langslide. Environmental Modelling & Software, 2011, 26(4):406-418.

[28] 胡显明, 晏鄂川, 周瑜, 等. 滑坡监测点运动轨迹的分形特性及其应用研究. 岩石力学与工程学报, 2012, 31(3):570-576.

[29] 王俊杰, 刘元雪. 库水位等速上升中均质库岸塌岸现象及浸润线试验研究. 岩土力学, 2011, 32(11):3231-3236.

[30] 张幸农, 陈长英, 假冬冬, 等. 渐进坍塌型崩岸的力学机制及模拟. 水科学进展, 2014, 25(2):246-252.

[31] 宋彦辉, 黄民奇, 陈新建. 黄河上游茨哈峡水电站右坝肩顺层岩质斜坡破坏模式分析. 中国地质灾害与防治学报, 2011, 22(1):51-56.

[32] 吴松柏, 余明辉. 冲积河流塌岸淤床交互作用过程与机理的试验研究. 水利学报, 2014, 45(6): 649-657.

[33] Zhang D X, Wang G H, Yang T J, et al. Satellite remote sensing-based detection of the deformation of a reservoir bank slope in Laxiwa Hydropower Station, China. Landslides,

2013,10 (2): 231-238.

[34] Min X, Guang M R. Characteristics and mechanism of concentrated unloading in bank slope of Yangqu hydropower station. Journal of the Geological Society of India,2013,82 (4):421-429.

[35] 祁生文, 伍法权, 常中华, 等. 三峡地区奉节县城缓倾层状岸坡变形破坏模式及成因机制. 岩土工程学报,2006,28(1):88-91.

[36] Hubble TCT. Slope stability analysis of potential bank failure as a result of toe erosion on weir-impounded lakes: an axample from the Nepean River, New South Wales, Australia. Marine and Freshwater Research, 2004,55(1):57-65.

[37] Naresh K T, Jaya L S, Krishna K B, et al. Toppling and wedge failures in Malekhu River area, Malekhu, Central Nepal Lesser Himalaya. Bulletin of the Department of Geology, Tribhuvan University, Kathmandu, Nepal, 2013,16:21–28.

[38] 马淑芝, 贾洪彪, 唐辉明. 利用稳态坡形类比法预测基岩岸坡的库岸再造. 地球科学－中国地质大学学报, 2002, 27(2):231-233.

[39] 许强, 刘天翔, 汤明高, 等. 三峡库区塌岸预测新方法 —— 岸坡结构法. 水文地质工程地质, 2007, (3):110-115.

[40] 陈洪凯, 赵先涛, 唐红梅, 等. 基于浪蚀龛和土体临界高度的卡丘金修正法及其工程应用. 岩土力学, 2014, 35(4): 1095-1100.

[41] 何晓英, 唐红梅, 陈洪凯, 等. 周期性浸泡下三峡库区松散土体微观特性分析. 重庆交通大学学报 (自然科学版), 2010, 29(3):445-449/483.

[42] 程昌炳, 刘少军, 王远发, 等. 胶结土的粘结力的微观研究. 岩石力学与工程学报, 1999, 18(3):322-326.

[43] 刘粤惠, 刘平安.X 射线衍射分析原理与应用, 北京: 化学工业出版社, 2003.

[44] Luis EV, Roger M.Porosity influence on the shear strength of granular-clay mixtures. Engineering Geology. 2000, 58:125-136.

[45] 杨和平, 曲永新, 郑健龙. 宁明膨胀土研究的新进展. 岩土工程学报, 2005, 27(9):981-987.

[46] Chen H K, Tang H M, Wang R, et al. Global composite element iteration for analysis of seepage free surface. Applied Mathematics and Mechanics, 1999, 20(10) 1121-1127.

[47] 梁学战, 陈洪凯. 库水位升降条件下不同渗透性的滑坡体稳定性变化规律. 中国地质灾害与防治学报, 2012, 23(4):20-26.

[48] Hoek E,Bray J W, Boyd J W. The stability of a rock slope containing a wedge resting on two intersecting discontinuities.Quarterly J.Engineering Geology, 1973, 6(1).

[49] 冯树仁, 丰定详, 葛修润, 等. 边坡稳定性的三维极限平衡分析方法及应用. 岩土工程学报, 1999, 12(6):657-661.

[50] 朱大勇, 丁秀丽, 邓建辉. 基于力平衡的三维边坡安全系数显示解及工程应用. 岩土力学, 2008, 29(8):2011-2016.

[51] 郑颖人, 时卫民, 刘文平, 等. 三峡库区滑坡稳定性分析中几个问题的研究. 重庆建筑, 2005, 6:6-12.

[52] 夏元友. 系统加权聚类法及其在滑坡稳定性预测中的应用. 自然灾害学报, 1997, 6(3): 85-91.

[53] 许强, 黄润秋, 施继承. 斜坡监测研究及其最新进展. 传感器世界, 2005, 6:10-14.

[54] 闵弘, 谭国焕, 戴福初, 等. 蓄水期库岸古滑坡的水动力学响应监测 — 以三峡库区泄滩滑坡为例. 岩石力学与工程学报, 2004, 23(21):3721-3726.

[55] Cheng H K, Tang H M, He X Y, et al. Study on failure mechanism of Gongjiafang bank slope in Wu Gorge of the Three Gorges, Yangtze River, China. Applied Mechanics and Materials, 2013, (368-370): 1794-1799.

[56] 秦四清. 斜坡失稳的突变模型与混沌机制. 岩石力学与工程学报, 2000, 4(19):486-492.

[57] 陈洪凯, 赵先涛, 唐红梅, 等. 基于浪蚀龛和土体临界高度的修正的卡丘金法及其工程应用. 岩土力学, 2014, 35(4): 1095-1100/1109.

[58] 陶丽娜, 阎宗岭. 库水位变化对路基边坡稳定性的影响研究. 公路交通技术, 2014, (1):1-6.

[59] 刘厚成, 唐红梅, 谷秀芝. 三峡水库蓄水运行过程中库岸边坡稳定性演化规律的研究. 重庆交通大学学报 (自然科学报), 2009, 28(3):565-568.

[60] 林鸿州, 于玉贞. 降雨特性对土质边坡失稳的影响. 岩石力学与工程学报, 2009, 28(1):198-204.

[61] 陈洪凯, 汪叶萍. 库水位升降变化对巫山宁江岛造地型护岸工程稳定性影响的数值模拟研究. 重庆师范大学学报 (自然科学版), 2015, 32(3):54-58.

[62] 崔志波, 陈洪凯, 陈涛. 改造地功能的水库岸坡防护技术研究与实践. 重庆交通大学学报 (自然科学版), 2009, 28(1):95-99.

[63] 谭晓慧, 李丹. 土水特征曲线参数的概率统计及敏感性分析. 土木建筑与环境工程, 2012, 12(6):97-103.

[64] 何晓英. 高变幅水库岸坡造地型护岸结构修筑关键技术研究及应用. 重庆: 重庆交通大学, 2011.

彩　　图

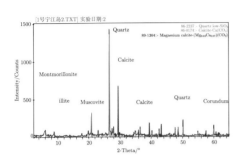

图 3.1　宁江岛填土 X 射线衍射谱图

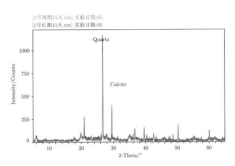

图 3.2　巫山宁江岛填土土样天然状态与长期
浸泡 15 天状态下的对比图

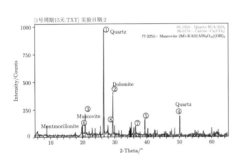

图 3.3　巫山宁江岛周期浸泡 15 天衍射谱图

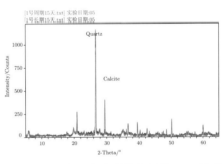

图 3.4　巫山宁江岛土体长期浸泡 15 天与周
期浸泡 15 天结果对比图

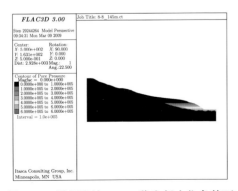

图 4.14　塔坪岸坡 145m 稳定低水位条件下
滑坡渗流场

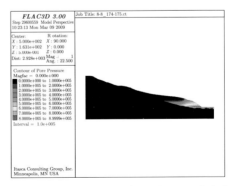

图 4.15　塔坪岸坡水位上升到 175m 高水位
滑坡渗流场

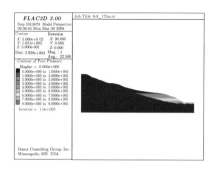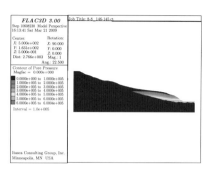

图 4.17　塔坪岸坡 175m 稳定高水位下 　　　图 4.18　塔坪岸坡水位下降到 145m 低水位
滑坡渗流场 　　　　　　　　　　　　　　　　　滑坡渗流场

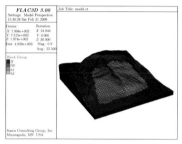

jy—基岩；djt—堆积体；h1—H1滑体；h2—H2滑体

图 5.3　塔坪岸坡计算模型 　　　　　　　　　图 5.4　塔坪岸坡初始应力场

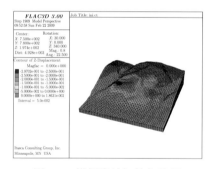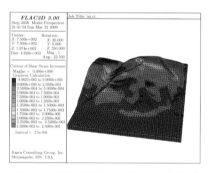

图 5.5　塔坪岸坡初始位移场 　　　　　　　　图 5.6　塔坪岸坡初始剪应变增量图

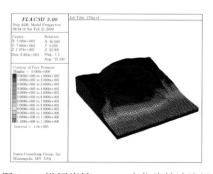

图 5.7　塔坪岸坡 145m 水位岸坡渗流场 　　　图 5.8　塔坪岸坡 175m 水位岸坡渗流场

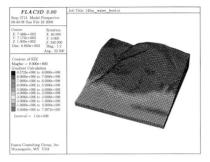

图 5.9　塔坪岸坡 145m 水位应力场

图 5.10　塔坪岸坡 175m 水位应力场

图 5.11　塔坪岸坡 145m 水位位移图

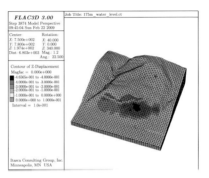

图 5.12　塔坪岸坡 175m 水位位移图

图 5.13　塔坪岸坡 145m 水位剪应变增量

图 5.14　塔坪岸坡 175m 水位剪应变增量

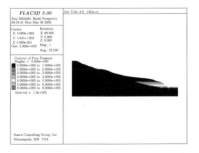

图 5.17　塔坪岸坡 145m 稳定低水位条件下
岸坡渗流场

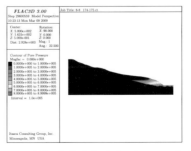

图 5.18　塔坪岸坡水位上升到 175m 高水位
岸坡渗流场

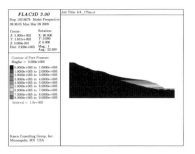 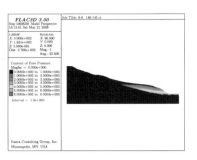

图 5.19 塔坪岸坡 175m 稳定高水位下　图 5.20 塔坪岸坡水位下降到 145m 低水位
　　　　岸坡渗流场　　　　　　　　　　　　岸坡渗流场

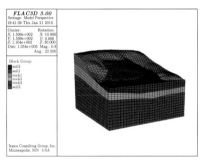

图 5.33 白马港岸坡计算模型

 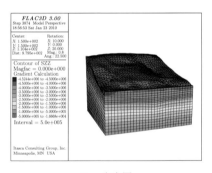

水压力图　　　　　　　　　　　　　　　Szz 应力图

 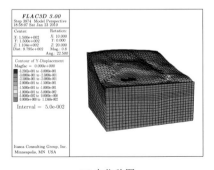

剪应力增量图　　　　　　　　　　　　　　Y 向位移图

图 5.34 白马港岸坡 175m 水位岸坡的应力、位移云图

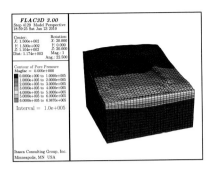

水压力图

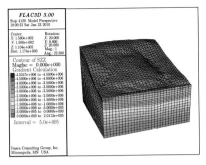

Szz 应力图

剪应力增量图

Y 向位移图

图 5.35　白马港岸坡 170m 水位岸坡的应力、位移云图

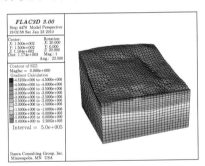

水压力图

Szz 应力图

剪应力增量图

Y 向位移图

图 5.36　白马港岸坡 165m 水位岸坡的应力、位移云图

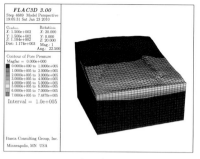

水压力图

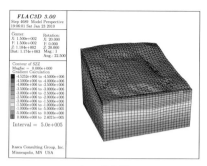

Szz 应力图

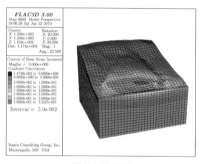

剪应力增量图

Y 向位移图

图 5.37　白马港岸坡 160m 水位岸坡的应力、位移云图

水压力图

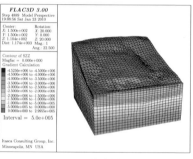

Szz 应力图

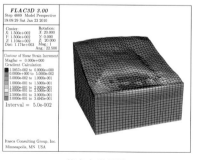

剪应力增量图

Y 向位移图

图 5.38　白马港岸坡 155m 水位岸坡的应力、位移云图

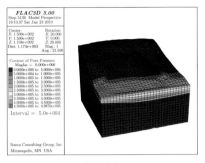

水压力图　　　　　　　　　　　　　　　　Szz 应力图

剪应力增量图　　　　　　　　　　　　　　Y 向位移图

图 5.39　白马港岸坡 150m 水位岸坡的应力、位移云图

水压力图　　　　　　　　　　　　　　　　Szz 应力图

剪应力增量图　　　　　　　　　　　　　　Y 向位移图

图 5.40　白马港岸坡 145m 水位岸坡的应力、位移云图

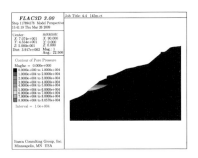

图 5.48　西沱岸坡 145m 稳定低水位条件
岸坡渗流场

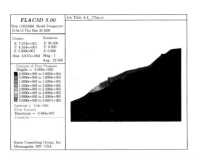

图 5.49　西沱岸坡水位上升到 175m 高水位
岸坡渗流场

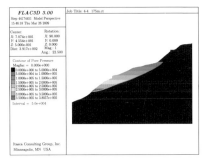

图 5.50　西沱岸坡 175m 稳定高水位
岸坡渗流场

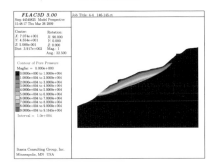

图 5.51　西沱岸坡水位下降到 145m 低水位
岸坡渗流场

图 6.1　龚家方岸坡第一次破坏过程

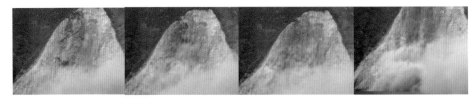

图 6.2　龚家方岸坡第二次破坏过程

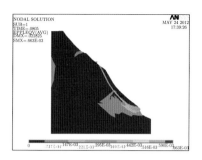

图 6.11 龚家方岸坡蓄水至 175m 水位时的
塑性区

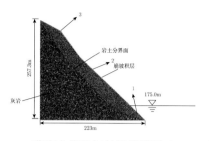

图 6.17 龚家方岸坡初始计算模型 (17772 个
颗粒)

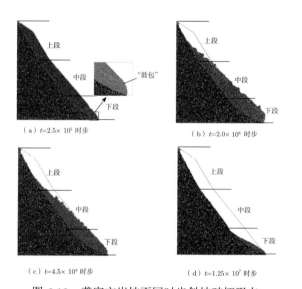

（a）$t=2.5\times10^5$ 时步

（b）$t=2.0\times10^6$ 时步

（c）$t=4.5\times10^6$ 时步

（d）$t=1.25\times10^7$ 时步

图 6.18 龚家方岸坡不同时步斜坡破坏形态

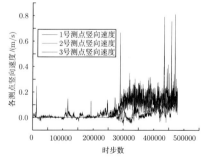

图 6.19 龚家方岸坡 5×10^5 时步内各测点
竖向速度的变化

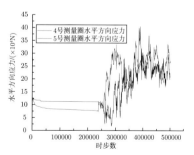

图 6.20 龚家方岸坡 5×10^5 时步内各测量圆
水平方向应力变化曲线

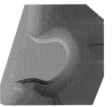

图 8.1　宁江岛造地型护岸工程效果图

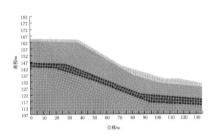

图 8.5　宁江岛开挖前模型网格划分

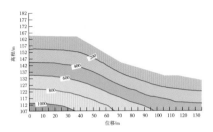

图 8.6　宁江岛初始应力场分布图

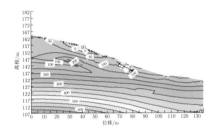

图 8.7　宁江岛开挖台阶后的应力分布图

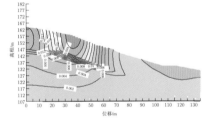

图 8.8　宁江岛开挖台阶后竖向位移分布图

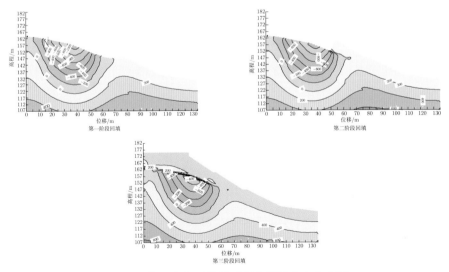

第一阶段回填

第二阶段回填

第三阶段回填

图 8.11　宁江岛分区填筑过程中岸坡应力分布图

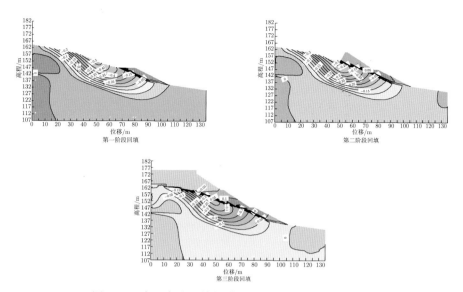

图 8.12　宁江岛分区填筑过程中岸坡水平位移分布图

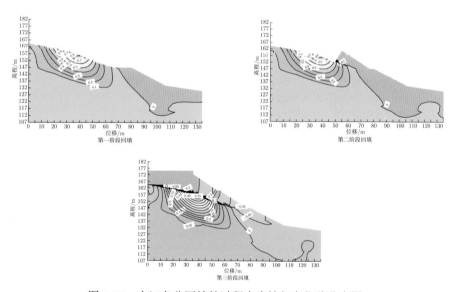

图 8.13　宁江岛分区填筑过程中岸坡竖向位移分布图

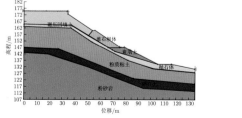

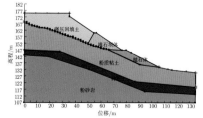

图 8.20　宁江岛不开挖台阶条件下 1-1 剖面　　图 8.21　宁江岛开挖台阶条件下 1-1 剖面

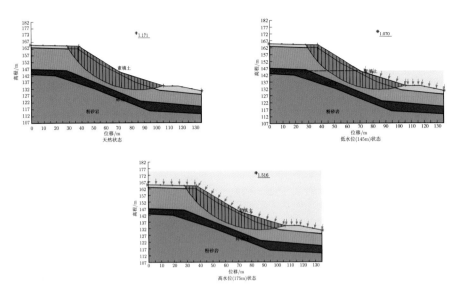

图 8.22 宁江岛填土前各状态下岸坡的稳定系数

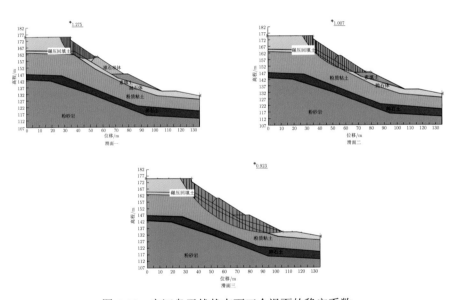

图 8.23 宁江岛天然状态下三个滑面的稳定系数

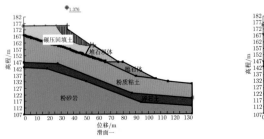

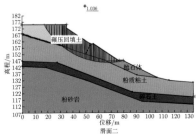

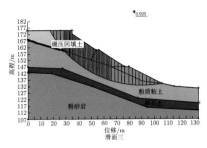

图 8.24 宁江岛台阶宽度为 1m 时三个滑面的稳定系数

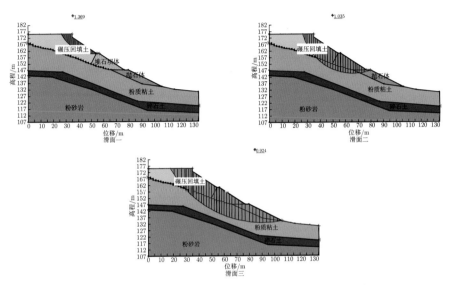

图 8.25 宁江岛台阶宽度为 2m 时三个滑面的稳定系数

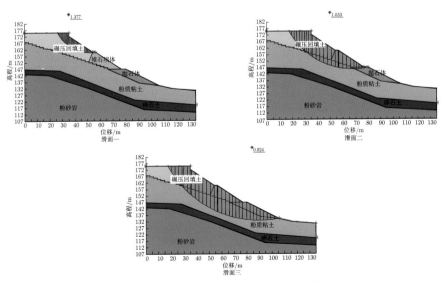

图 8.26 宁江岛台阶宽度为 3m 时三个滑面的稳定系数

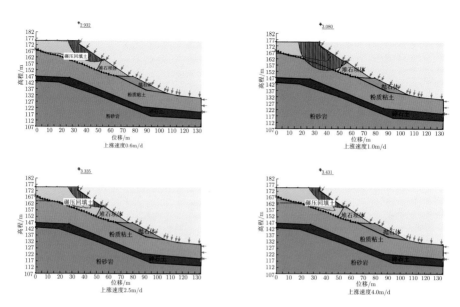

图 8.27　宁江岛滑面一在不同水位上涨速度下的浸润线及稳定系数变化图

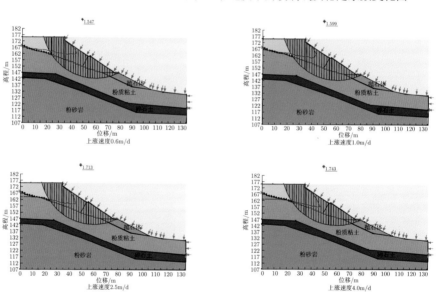

图 8.28　宁江岛滑面二在不同水位上涨速度下的浸润线及稳定系数变化图

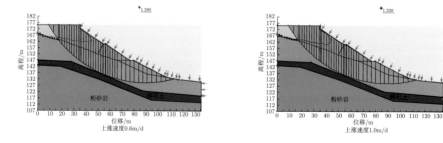

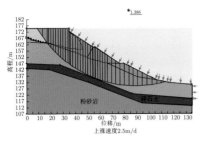
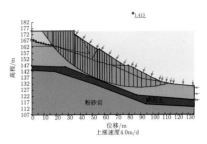

图 8.29　宁江岛滑面三在不同水位上涨速度下的浸润线及稳定系数变化图

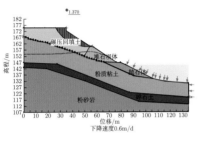
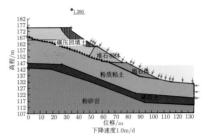

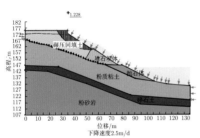
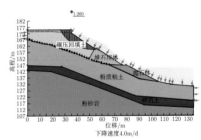

图 8.30　宁江岛滑面一在不同水位下降速度下的浸润线及稳定系数变化图

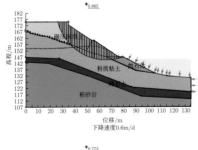
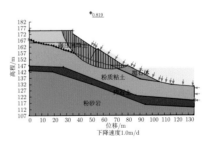

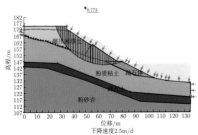
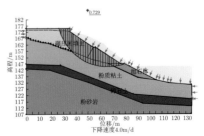

图 8.31　宁江岛滑面二在不同水位下降速度下的浸润线及稳定系数变化图

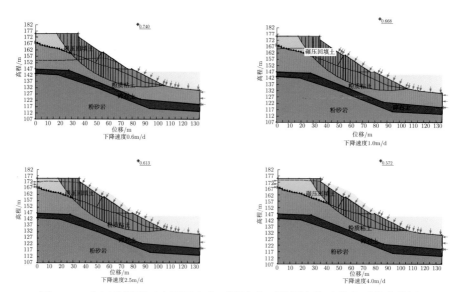

图 8.32 宁江岛滑面三在不同水位下降速度下的浸润线及稳定系数变化图

图 8.46 建成后的巫山宁江岛造地型护岸工程